Verlag von **Julius Springer** in Berlin N.,

Monbijouplatz 3.

Krystallographische Projectionsbilder

von

Dr. Victor Goldschmidt.

19 Tafeln nebst 2 Beilagen. — Format 75·5 cm : 66 cm — Zum Theil in Farbendruck.

=== In Mappe. ===

Mit einleitendem Text.

Preis des vollständigen Werkes 60 Mark.

Die krystallographischen Projectionsbilder bringen die Gesammtheit der sichergestellten Formen der flächenreichsten Mineralien in gnomonischer Projection zur Darstellung. Hierdurch wird nicht nur eine Uebersicht der Formen und ihrer wichtigsten Zonenverbände gewonnen, sondern man ist auch im Stande, neue Formen einzutragen und deren Beziehungen zu den bekannten zu ersehen.

Ausserdem sollen einige Tafeln speciellen Zwecken dienen. Tafel XIII (Bournonit) erläutert die Ableitung der stereographischen Projection aus der gnomonischen. Tafel XV und XVI stellen die interessanten Mineralien der Humitgruppe nebeneinander und geben zugleich ein Beispiel für die Eintragung von Vicinalflächen und optischen Örtern. Tafel XVIII giebt ein einfaches Verfahren, perspectivische und horizontale Bilder von Combinationen aus dem gnomonischen Projectionsbild zu gewinnen, so dass mit Hilfe dieses Verfahrens in Zukunft die Umständlichkeiten des Krystallzeichnens wesentlich vermindert werden. Tafel XIX zeigt die Ableitung von Zwillingsbildern.

Die Projectionsbilder sollen ferner Beispiele sein für die einfache Beziehung der gnomonischen Projection zu den neuen Symbolen und zeigen, wie mit Hilfe dieser die complicirtesten Bilder leicht zu Stande gebracht werden können. Besonders rasch erfolgt die Ausführung der Bilder mit Hilfe von genau getheilten hexagonalen und quadratischen Netzen, die der Autor anfertigen liess, sodass sie käuflich zu haben sind, und von deren Anwendung Beispiele in dem Atlas (Tafel XVII) gegeben werden. Eine Probe beider Netze liegt dem Atlas ebenfalls bei.

Endlich bilden diese Projectionsbilder die Unterlage für die Rechnung, sowie für eine, in den Hauptzügen durchgeführte graphische Krystallberechnung, welche sich in vielen Fällen durch besondere Einfachheit vor den algebraischen Methoden auszeichnet.

Das Tafelwerk, dessen Construction und Gravur auf Stein mit ausserordentlicher Genauigkeit (durch Herrn W. Slawkowsky in Wien) durchgeführt wurde, ist unter Anwendung besonderer Vorsicht behufs Erhaltung dieser Genauigkeit im k. k. militär-geographischen Institut in Wien in Farbendruck hergestellt worden.

In Ergänzung hierzu, wie zu dem „Index der Krystallformen der Mineralien" ist vorliegende Schrift desselben Autors: **„Ueber Projection und graphische Krystallberechnung"** erschienen.

=== *Inhalts-Verzeichniss siehe Seite 3 des Umschlags.* ===

Ueber Projection

und

graphische Krystallberechnung.

Von

Dr. Victor Goldschmidt.

Mit 123 in den Text gedruckten Figuren.

Springer-Verlag Berlin Heidelberg GmbH 1887

ISBN 978-3-662-22887-6   ISBN 978-3-662-24829-4 (eBook)
DOI 10.1007/978-3-662-24829-4

Vorwort.

Die vorliegende Schrift steht im engsten Verband mit dem „Index der Krystallformen". Dort konnte die Eigenart der daselbst entwickelten vier Arten krystallographischer Projection nur angedeutet werden, um die umfangreiche Einleitung nicht noch mehr zu belasten. Insbesondere konnte die reiche Verwendbarkeit der Projectionen nicht dargelegt werden, wie sie sich aus einem eingehenden Studium der Theile der einzelnen Projectionsarten, sowie der Beziehungen der letzteren unter sich ergeben hatte.

Die enge und einfache Verknüpfung zwischen Elementen, Symbolen und Projection, welche für die im Index eingeführten neuen Symbole und Elemente mit den in den Details strenger präcisirten Projectionsarten besteht, macht es möglich, Elemente und Symbole direct in die Zeichnung einzuführen und aus ihr zu gewinnen. Die Form, in der die Elemente bei der Projection zur Verwendung kommen, ist in der Einleitung zum „Index" sowohl für den allgemeinen Fall des triklinen Systems als für die Specialfälle der anderen Systeme gegeben; ausserdem finden sich in den Tabellen für jedes Mineral die Elemente der Projection in Zahlen ausgerechnet.

Auf die Projectionen gestützt, gelang der Versuch, die wichtigsten Aufgaben der Krystallberechnung auf einfachem, graphischem Wege zu lösen. Die graphischen Methoden erreichen wohl nie die Exaktheit der Rechnung, doch genügt einmal die Genauigkeit des graphischen Verfahrens für viele Zwecke vollkommen, ferner dient dies Verfahren oft zu einer raschen Orientirung, in anderen Fällen zur Controle, die besonders bei complicirten Verhältnissen, so namentlich im triklinen System, bei Viellingsbildungen von Werth ist.

Ein Bild von der Genauigkeit des graphischen Verfahrens ist in einem complicirten Beispiel (**78**) gegeben, der Werth desselben als Controlmittel ebenfalls durch ein Beispiel (**72**) belegt.

Eine Reihe von Elementaraufgaben und Sätzen (1—71) bildet die Unterlage der graphischen Operationen; die speciellen Aufgaben (73—107) geben die Anwendung dieser auf einige besonders wichtige Probleme der Krystallographie.

In der Regel ist nur der allgemeine Fall behandelt; die Specialfälle bringen Vereinfachungen und Controlen, die sich bei Anwendung der Methoden von selbst ergeben. ·

Auch zu den krystallographischen Projectionsbildern giebt die vorliegende Schrift eine nöthige Ergänzung, so besonders bringt sie näheren Aufschluss über Tafel XVIII (Amphibol. Herstellung des Horizontalbildes und des perspectivischen Bildes) (88—92) und Tafel XIX (Albit. Zwillingsbilder) (79—86). Genannte Tafeln ihrerseits dienen zur Illustration dieser Schrift.

Der praktischen Anwendung der hier gegebenen Methoden kommen die zugleich mit den Projectionsbildern ausgegebenen Netze (tetragonales und hexagonales Netz) zu Hilfe, sowie eine Art von Blättern mit den Hilfslinien zum Krystallzeichnen, wie sie S. 84 erwähnt sind.

Ist in der Einleitung zum Index die Ableitung der trigonometrischen, hier die der graphischen Krystallberechnung aus der Projection gegeben, so soll die gleichzeitig mit der vorliegenden erscheinende Schrift, „Ueber krystallographische Demonstration mit Hilfe von Korkmodellen mit farbigen Nadelstiften" die Verknüpfung der Anschauung der Raumverhältnisse der Krystalle mit Elementen, Symbolen und Projection vermitteln. Letztere Schrift leitet zugleich hinüber zu Anschauungen über krystallogenetische Verhältnisse, die an anderem Ort eingehender entwickelt werden sollen.

Wien, 1887.

Dr. Victor Goldschmidt.

Inhalt.

	Seite.	Nummer.
Projection	1	—
Bemerkungen über exaktes Zeichnen	9	—
Graphische Krystallberechnung.		
Elementare Aufgaben.		
Kurze Charakterisirung der Projectionsarten	24	—
Aufgaben.		
In gnomonischer und stereographischer Projection	28—53	1—56
Euthygraphische und Quenstedt'sche Projection	53—60	57—65
Beispiele für die Anwendung der Linearprojection	60—66	66—72
Einige specielle Aufgaben.		
Transformation des Projectionsbildes	67—71	73—77
Graphische Umrechnung der Elemente für veränderte Aufstellung	71—74	78
Ableitung von Zwillingsbildern	74—79	79—87
Krystallzeichnen	80—92	88—102
Photographische Krystallmessung	93—97	103—107

Literatur.

Hauy	Traité de crystallogr.	1822	**2**	383 (Kryst. Zeichnen)
Brooke	A familiar introduct. to crystallography	1823	—	402 (Kryst. Zeichnen)
Neumann, F. E.	Beiträge z. Krystallonomie	1823		
Haidinger	Pogg. Ann.	1825	**5**	507 (Kryst. Zeichnen)
Weiss, C. S.	Berl. Ak. Abh.	1834	—	623 (Gyps)
Quenstedt	Pogg. Ann.	1835	**34**	503 u. 651
"	"	1835	**36**	245 u. 379
Weiss, C. S.	Berl. Ak. Abh.	1838	—	281 (Feldspath)
Miller, W. H.	A treatise on crystallography	1839	—	131—139
Quenstedt	Methode d. Krystallographie Tübingen	1840		
Weiss, C. S.	Berl. Ak. Abh.	1841	—	249 (Euklas)
Schröder	Elemente d. rechn. Krystallogr. Clausthal	1852	—	bes. S 8 u. 100
Miller, W. H.	Lehrb. d. Krystallogr. übers. v. Grailich Wien	1856	—	187
Ditscheiner	Wien. Sitzb.	1857	**26**	279
"	"	1858	**28**	93. 134. 201
Dauber	"	1860	**42**	19
Lang, V. v.	Lehrb. d. Krystallogr.	1866	—	290—346
Reusch, E.	Pogg. Ann.	1871	**142**	46—54 (Hemiedrie)
"	"	1872	**147**	569—589 (Zwillinge)
Websky	Berl. Monatsber.	1876	—	4—21
Klein, C.	Einleitung i. d. Krystall-Berechnung	1876	—	29 u. 378.
Websky	Berl. Monatsber.	1879	—	124—132
Reusch, E.	Die stereographische Projection. Leipzig	1881		
Brezina	Methodik d. Krystallberechnung. Wien	1884		156
Goldschmidt, V.	Index der Krystallformen. Berlin	1886	**1**	Einleitung
"	Krystallographische Projectionsbilder. Berlin	1887		
"	Ueber krystallogr. Demonstration. Berlin	1887		
Websky, M.	Anwendung d. Linearprojection z. Berechn. d. Krystalle. Herausg. v. Tenne. Berlin	1887		

Anmerkung. Dies Verzeichniss enthält nur Angaben über krystallographische Projection. Die Projection im Allgemeinen findet sich in den verschiedenen Werken über darstellende Geometrie und Perspective behandelt.

Projection.

Projection ist die Abbildung der Raumverhältnisse eines Körpers auf einer Fläche. (Eine Abbildung im Raum nennt man Modell.) Object und Bild sind durch eine constructive Beziehung verbunden. Diese Beziehung heisst Projectionsmethode, die Fläche, auf welcher die Abbildung vorgenommen wird, Projectionsfläche. In der Regel ist sie eine Ebene (Projectionsebene), die Zeichenebene des Papiers. Es kommen aber auch Projectionen auf andere Flächen vor, so besonders auf die Kugel (Globus). Wir werden nur Projectionen auf die Ebene in Betracht ziehen; solche auf die Kugel nur als Zwischenconstruction beim Uebergang zur Ebene.

Projections-Methoden. Die Abbildung giebt die räumlichen Verhältnisse des Körpers nie vollständig wieder, sondern nur einen Theil derselben; wir haben deshalb auszuwählen, welcher Theil uns im vorliegenden Fall interessirt, das Charakteristische. Alles Andere darf im Bild fehlen und es ist sogar besser, wenn es fehlt, damit das Charakteristische allein hervortritt. Wird in der Abbildung nicht nur das für den Augenblick nicht Interessirende weggelassen, sondern auch das von einer erkannten Regelmässigkeit Abweichende (Störungen) durch das Regelmässige ersetzt, so nennt man ein solches Bild ein schematisches oder idealisirtes. Nach der Wahl des Charakteristischen hat sich die Art der Abbildung (Projectionsmethode) zu richten.

Directe Projection. Die ursprünglichste Projectionsmethode, die man auch im gewöhnlichen Leben Abbildung nennt, schliesst sich dem Sehprocess an. Man könnte sie Ocular-Projection nennen, sie heisst auch Perspective, wir wollen sie als directe Projection bezeichnen. Sie besteht darin, dass von einem Punkt, dem Sehpunkt aus Strahlen nach allen zu vermerkenden Punkten des Körpers gezogen und auf einem Schirm (Projectionsebene) aufgefangen werden. Alle die Auftreffpunkte dieser Strahlen auf dem Schirm geben zusammen das Bild.

Wird der Sehpunkt ins Unendliche gerückt, so fallen die Strahlen parallel auf das Object und wir erhalten den Specialfall der Parallelprojection.

Wir verwenden in der Krystallographie nur diesen Specialfall. Ein Bild in Parallelprojection wollen wir **Parallelbild** nennen. Hat man es mit einem auf der Erde stehenden Object zu thun, so unterscheidet man zwischen **Verticalprojection**, wobei die Bildebene aufrecht steht und **Horizontalprojection**, wobei sie horizontal liegt. Die erhaltenen Bilder nennen wir **Verticalbild** resp. **Horizontalbild**. Liegt die Ebene schief, so erhalten wir schiefe oder **perspektivische Bilder**.

Bei der directen Projection erscheint im Bild an Stelle der Fläche des Körpers wieder eine Fläche, statt der Linie wieder eine Linie, statt des Punktes wieder ein Punkt.

Substituirende Projection. Es kommt vor, dass es zur Abbildung des Charakteristischen genügt, an Stelle des Körpers einfachere Raumgebilde zu setzen. Handelt es sich z. B. bei einer Kugel nur um die Ausdehnung, nicht um den Ort, so genügt in Vertretung der Kugel der Radius, wird nur der Ort, nicht die Grösse der Kugel als charakteristisch angesehen, so genügt die Fixirung des Mittelpunktes. Lassen wir bei einer Ebene die Begrenzung ausser Acht, so kann die Ebene ersetzt werden durch ihre Tracen auf 2 festen Ebenen. Ist nur die Neigung gegenüber gewissen Richtungen massgebend, so genügt zur Festlegung der Ebene die Flächennormale und für diese wieder, wenn alle derlei Normalen durch einen Punkt gelegt werden, der Durchstichpunkt der Normalen mit einer fixirten Ebene.

Es tritt also in solchem Fall ein Ersetzen des höheren Gebildes durch ein niedereres ein, der Fläche durch die Linie, der Linie durch den Punkt. Ein solches Ersetzen wollen wir **Substitution** nennen; Projectionen, die sich der Substitution bedienen, **substituirende Projectionen**.

Die substituirten Gebilde liegen entweder bereits in der Zeichenebene und setzen das Bild zusammen, oder sie thun das nicht und müssen durch eine zweite Substitution oder durch directe Projection zur Abbildung in der Zeichenebene gebracht werden. So haben wir bei der gnomonischen Projection, wie wir sehen werden, zuerst Substitution der Flächennormalen für die Flächen und darauf der Durchstosspunkte für die Normalen. Erst die letzteren liegen in der Bildebene. Bei der stereographischen Projection Ersetzung der Flächen durch die Normalen, dann dieser durch die Durchstosspunkte mit der Kugel und endlich die Abbildung der Kugelpunkte durch directe (Ocular-) Projection.

Soll eine Substitution praktischen Werth haben, so muss sie eine Vereinfachung bringen.

Krystallographische Projectionen. In der formenbeschreibenden Krystallographie kommt es in vielen Fällen weder auf die Centraldistanz der Flächen, noch auf deren Ausdehnung und Begrenzung an, sondern nur auf ihre Neigung gegen bestimmte feste Richtungen (Axen). Wir haben daher die Verhältnisse derart, dass Substitution eintreten kann. Bei der Fläche kann die Substitution nur darin bestehen, dass an Stelle der Fläche eine Linie oder ein Punkt tritt. Den ersten Fall nennen wir Linearprojection, den zweiten Punktprojection. Die Linie kann eine Gerade oder eine Curve sein. Von den Curven ist der Kreis die einzige, mit der sich in Zeichnung und Rechnung bequem operiren lässt, obwohl er in der Leichtigkeit und Sicherheit der Behandlung weit hinter der Geraden zurücksteht. Es folgen die schwerfälligen Kegelschnitte und die höheren Curven, die keine Vereinfachung bieten und deshalb für unsern Zweck nicht in Betracht kommen.

Wir haben daher Linearprojection mit Geraden und Linearprojection mit Kreisen.

Analog haben wir Punktprojection mit Geraden und Punktprojection mit Kreisen. Also im Ganzen 4 Arten krystallographischer Projection.

Die Art der Substitution kann verschieden sein, doch ist für jede der genannten vier Projectionsarten ein Weg der beste und wir geben deshalb nur diesen an:

1. **Linearprojection mit Geraden.** Man verschiebt alle Flächen parallel in einen Punkt, den Krystallmittelpunkt und nimmt zum Bild die Tracen dieser Flächen mit einer festen Ebene, der Projectionsebene. Diese Art wollen wir **euthygraphische Projection** nennen (von εὐθύς, gerade, εὐθεῖα, die gerade Linie). Eine Modification ist bekannt als Quenstedt'sche Projection.

2. **Linearprojection mit Kreisen.** Wir suchen die Tracen der in einen Punkt, den Krystallmittelpunkt, M verschobene Flächen mit einer um M beschriebenen Kugel, legen durch M eine Horizontalebene und bilden in dieser die Tracen ab durch Ocularprojection aus dem tiefsten Punkt der Kugel. Alle Kreise auf der Kugel erscheinen bei dieser Art der Abbildung wieder als Kreise. Diese Art wollen wir **cyklographische Projection** nennen. Quenstedt führt sie an unter dem Namen Kugelprojection,[1] doch könnte dieser Name leicht zu Verwechselungen führen und wurde deshalb durch den obigen ersetzt.

3. **Punktprojection mit Geraden.** Wir ersetzen die Flächen durch Senkrechte aus dem Krystallmittelpunkt (Polare) und nehmen zum Bild deren Durchstosspunkte mit einer festen Ebene. Die Punkte einer Zone ordnen sich dabei, wie wir sehen werden, in eine Gerade. **Gnomonische Projection.**

4. **Punktprojection mit Kreislinien.** Wir suchen die Durchstosspunkte der Centrinormalen (Polaren) auf die Flächen mit der

---

[1] Vgl. Quenstedt, Grundriss d. bestimm. u. rechn. Krystallographie 1873, 141.

1*

Kugel um den Mittelpunkt (M) und bilden die Kugelpunkte wieder durch Ocularprojection aus dem tiefsten Punkt der Kugel auf einer Horizontalebene durch M ab. Alle Punkte einer Zone ordnen sich auf der Kugel und im Bild in einen Kreis. **Stereographische Projection.**

Die gnomonische und stereographische Projection fassen wir wegen der Ersetzung der Flächen durch die Polaren unter dem Namen Polarprojection zusammen.

Wir verwenden demnach in der Krystallographie folgende vier Arten der substituirenden Projection:

1. Euthygraphische Projection,
2. Cyklographische   ,,
3. Gnomonische   ,,
4. Stereographische   ,,

Dazu treten noch die durch direkte Projection gewonnenen Parallelbilder, nämlich:

5. Horizontalbild,
6. Verticalbild,
7. Perspectivisches Bild.

Bevor wir uns mit den einzelnen Arten näher beschäftigen, wollen wir untersuchen, ob nicht durch erneute Substitution noch eine grössere Vereinfachung erzielt werden könne. Solche durch wiederholte Substitution gewonnene Bilder wollen wir Projectionen höherer Ordnung nennen.

Projectionen höherer Ordnung.[1]) Betrachten wir die in der Krystallographie in Frage kommenden Gebilde in aufsteigender Ordnung, so können wir ihnen nach den Raumdimensionen eine Rangordnung geben.

Wir haben:

Punkte	mit 0 Dimensionen	$= 0^{te}$ Stufe	
Linien (Kanten)	,, 1 ,,	$= 1^{te}$	,,
Ebenen (Flächen)	,, 2 ,,	$= 2^{te}$	,,
Zonen	,, 3 ,,	$= 3^{te}$	,,
Zonenbündel		$= 4^{te}$	,,
Reihen von Zonenbündeln		$= 5^{te}$	,,
Complexe solcher Reihen		$= 6^{te}$	,, u. s. w.

Die Namen Zonenbündel u. s. w. sind aus dem gnomonischen Projectionsbild entnommen. Wir verstehen unter einer Zone den Inbegriff aller Flächen, die eine Kante gemeinsam haben. Jede Zone stellt sich in gnomonischer Projection als Gerade dar.

---

[1]) Diese Untersuchung wird besser verständlich, nachdem man sich mehr mit der gnomonischen und euthygraphischen Projection vertraut gemacht hat. Sie hat hier ihren Platz gefunden, weil ein geeigneterer Ort sich nicht bot, als hier im allgemeinen Theil. Erscheint sie an dieser Stelle unklar, so kann sie überschlagen und nachträglich gelesen werden.

Analog sei **Zonenbündel** der Inbegriff aller Zonen, die eine Fläche gemeinsam haben. Es erscheint in gnomonischer Projection als ein Bündel der Zonenlinien durch einen Punkt, den Punkt der gemeinsamen Fläche (Fig. 1).

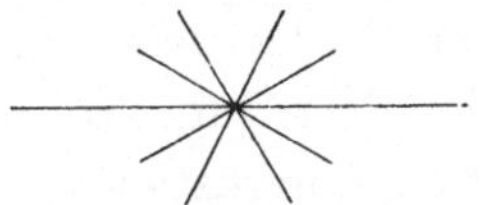

Fig. 1.

Ist ferner eine **Reihe von Zonenbündeln** der Inbegriff solcher

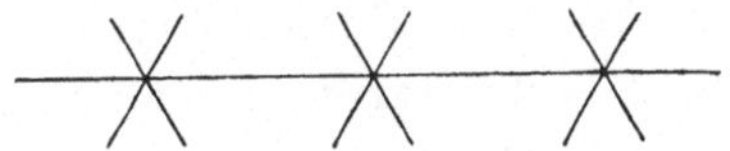

Fig. 2.

Bündel, die eine Zone gemeinsam haben, so stellt sich eine solche in gnomonischer Projection dar als eine Reihe von Zonenbündeln, die auf der Linie der gemeinsamen Zone aufsitzen (Fig. 2) u. s. w.

Auf diese Weise kann man in der Zusammenfassung beliebig hoch hinaufsteigen. Für die höheren Gebilde ist die räumliche Anschauung schwer. Sie könnte vermittelt werden durch Projectionen höherer Ordnung, correcter durch Projectionen häufiger wiederholter oder höherer Substitution.

Ableitung der höheren Projectionen aus den niedereren. Wir sehen bei dieser Betrachtung von den kreislinigen Projectionen ab; sie laufen neben den geradlinigen her und sind Modificationen derselben. Zu jeder geradlinigen Projection kann man die zugehörige kreislinige bilden.

Die **Linearprojection** stellt die Kante (Zonenaxe) als Punkt dar, die Fläche als Gerade, die Zone als ein Bündel von Geraden durch einen Punkt (Kantenpunkt) u. s. w. Sie setzt somit jedes Gebilde um eine Stufe herab.

Die **Polarprojection** stellt die Fläche als Punkt dar, die Zone als Gerade, das Zonenbündel als Bündel von Geraden durch einen Punkt (Flächenpunkt). Sie setzt somit jedes Gebilde um zwei Stufen herab.

Wir können demnach die Linearprojection als die erste, die Polarprojection als die zweite Projection ansehen.

Anmerkung. In der Quenstedt'schen Auffassung der Linear-Projection vertritt der Punkt nicht die Kante (Zonenaxe), sondern die Zone.[1]) Darin liegt eine Inconsequenz, indem das Complicirtere durch das Einfachere ausgedrückt wird, die Fläche durch eine Linie, die complicirtere Zone durch einen Punkt. Allerdings kann die Zonenaxe als Vertreterin der Zone gelten, dann liegt die Inconsequenz darin, dass für die Flächen unmittelbar die Trace mit der Projectionsebene gesetzt wird, für die Zone erst die Zonenaxe und dann deren Durchstich mit der Projectionsebene. Der Unterschied entfällt, wenn man sich sagt, dass die Zone, wenn man sie als Ganzes betrachtet und von den in ihr enthaltenen Einzelflächen und der Centraldistanz absieht, sich in nichts von der Zonenaxe unterscheidet.

[1]) Vgl. Quenstedt, Grundr. d. best. u. rechn. Kryst. 1873, 62.

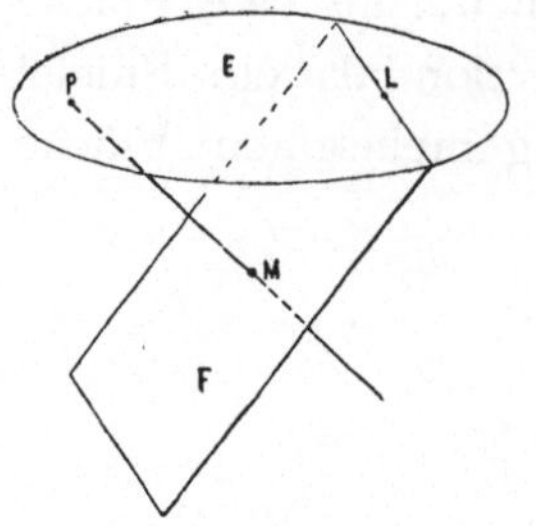

Fig. 3.

Sehen wir nur die Fläche an, so verknüpfen sich Linear- und Polarprojection in folgender Weise:

Schieben wir die Fläche F in den Krystallmittelpunkt M (Fig. 3), so ist die Trace L der Fläche mit der Projectionsebene E die Linearprojection der Fläche. Errichten wir in M auf F eine Normale, so ist deren Durchstich P mit E der polare Projectionspunkt.

In der Projectionsebene ist P der Pol von L, d. h. der Punkt, welcher von allen Punkten von L den Winkelabstand 90⁰ hat. L ist dabei gedacht als Inbegriff der Durchstichpunkte aller Linien der Ebene F (Kanten) durch M mit E. Umgekehrt bezeichnen wir die Gerade L als Polare von P, nämlich als den Ort aller Punkte, die von P um 90⁰ abstehen.

Wir ziehen also beim Uebergang von der ersten (Linear-) zur zweiten (Polar-) Projection die Dimensionen dadurch um eine herab, dass wir an Stelle der Geraden im Projectionsbild deren Pol treten lassen. Ebenso können wir verfahren beim Uebergang der zweiten Projection zur dritten.

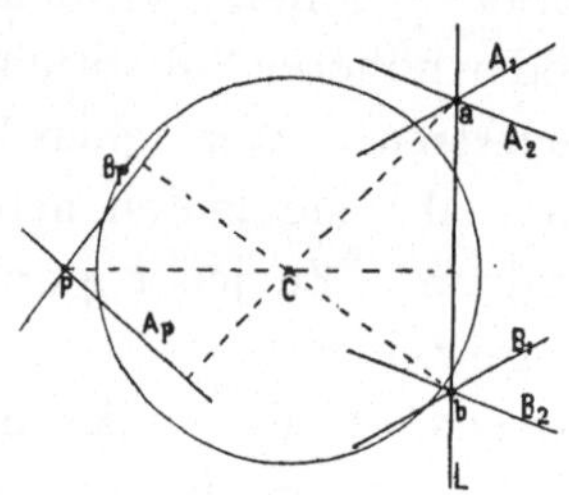

Fig. 4.

Sei Fig. 4 Polarprojection, so ist L eine Zonenlinie $L A_1 A_2$, ebenso $L B_1 B_2$ sind Zonenbündel. Die beiden Bündel in a und b bilden zusammen eine Reihe von Zonenbündeln. Gehen wir nun über zur dritten Projection, so wird wieder die Gerade L ersetzt durch ihren Pol P. Dieser Punkt P bedeutet nun die Zone. Ebenso tritt an Stelle jeder Zonenlinie ein Punkt. Die Punkte, welche dem Bündel a entsprechen, liegen auf einer Geraden und zwar, wie an anderer Stelle bewiesen wird, einer Geraden durch P noch genauer, der Polaren A_p von a. Das Bündel a wird also in dritter Projection ersetzt durch die Gerade A_p; ebenso wird das Bündel b ersetzt durch die Polare B_p von b, die, weil L dem Bündel angehört, ebenfalls durch P geht. Es tritt somit an Stelle der Reihe von Zonenbündeln, die auf L aufsitzen, das einzige Bündel um P.

Gehen wir noch eine Stufe weiter, also zur vierten Projection, so können wir diese wieder aus der dritten herleiten, indem wir für eine Gerade, die nun in dritter Projection einem Zonenbündel entspricht, deren Pol setzen, also einen Punkt P statt des Zonenbündels. Der Reihe von Zonenbündeln entspricht dann eine Gerade, die Polare von P u. s. w.

So können wir fortfahren und Projectionen beliebig hoher Substitution herstellen. Wir sehen aber, dass, wenn wir für die Gerade L den Pol P einsetzen und statt des Bündels durch P die Polare von P, diese Polare nichts anderes ist als wieder L, dass, wenn wir für diese durch erneute Substitution den Pol brauchen, dieser wieder P ist, dass wir also nichts anderes bekommen, als immer wieder P und L.

Gehen wir von der ersten Projection, der linearen aus, so haben wir in ihr eine Anzahl von Geraden und Punkten, leiten wir daraus die zweite, die polare, ab, so erhalten wir die zu der ersten polaren Punkte und Linien; gehen wir weiter zur dritten Projection, so erhalten wir die der zweiten polaren Linien und Punkte, und das sind eben wieder die Linien und Punkte der ersten Projection. In der vierten Projection treten die Punkte und Linien der zweiten auf u. s. f. Kurz die ungeraden Projectionen 1, 3, 5 . . . und die geraden 2, 4, 6 . . . haben unter sich die gleichen Linien und Punkte. 1, 3, 5 . . . stehen zu 2, 4, 6 . . . im Verhältniss der Reciprocität (Gegenseitigkeit) und Polarität.

Wir können noch weiter gehen. Erscheint in vierter Projection das Zonenbündel, nämlich der Complex aller Zonen, die eine Fläche A gemeinsam haben, als Punkt, so bestimmt dieser Punkt nichts weiter, als den Ort der dem Bündel gemeinsamen Fläche A. Diese haben wir aber in der zweiten Projection ebenso und zwar durch denselben Punkt dargestellt. Ebenso verhält es sich mit den anderen Gebilden. Es folgt daraus, dass die geraden Projectionen 2, 4, 6 . . . nicht nur nach der Lage ihrer Punkte und Linien, sondern ihrem ganzen Inhalt nach identisch sind, ebenso die ungeraden 1, 3, 5 . . . unter sich. Es bleiben daher im Ganzen nur zwei Arten der Projection übrig:

1. Linearprojection,
2. Polarprojection.

Jede derselben hat eine geradlinige und eine kreislinige Modification.

Ditscheiner's Projectionen. L. Ditscheiner hat vier Arbeiten über Projectionen publicirt, (Wien. Sitzb. 1857. **26.** 279; 1857. **28.** 93, 134, 201) und darin eine Reihe eigenartiger Methoden aufgestellt. Wir finden eine Kreismethode, Parabelmethode, Hyperbelmethode u. s. w. Für die Krystallographie sind diese Methoden nicht zu verwerthen. Ich führe sie deshalb an, weil sie von Ditscheiner für die Krystallographie bestimmt sind und weil sie in Quenstedt's Grundriss der rechnenden und bestimmenden Krystallographie (1873 S. 63—67) Aufnahme gefunden haben.

Auch die mindest complicirte unter ihnen, die Kreismethode, hat keinerlei Vorzüge vor der stereographischen und cyklographischen Projection. Wir wollen hier wenigstens für sie und die Parabelmethode das Princip angeben.

Bewegt sich in der gnomonischen Projection ein Flächenpunkt A_1 auf einer Geraden (Zonenlinie) Z fort, so wandert dessen Pol N_1, das ist der

Punkt, der über den Scheitelpunkt C hinaus um 90^0 von A_1 absteht, auf einem Kreis hin, der durch den Pol N der Zonenlinie und den Scheitelpunkt C gelegt ist. (Vgl. Satz 18 S. 36.) An Stelle jedes Flächenpunktes A_1 kann man dessen Pol N_1 setzen und somit statt der Zonenlinie Z den Ort der Pole aller Punkte von Z, den Kreis durch NC. Alle Zonenkreise gehen durch den Scheitelpunkt C. Das ist Ditscheiner's Kreismethode.

Bewegt sich wieder der gnomonische Punkt auf der Zonenlinie Z und wir ziehen für jede Stelle desselben A_1 ... die Senkrechte zu der Centralen A_1 C durch A_1 so tangiren alle diese Geraden eine Parabel, deren Brennpunkt in C und deren Scheitel im Mittelpunkt[1]) A der Zonenlinie Z liegt. Das ist Ditscheiner's Parabelmethode.

Dass weder die Kreismethode noch die Parabelmethode Verbesserungen der gnomonischen oder stereographischen Projection sind, liegt auf der Hand. Die Hyperbelmethode ist noch complicirter. Es ist klar, dass, wenn wir die Kanten, Flächen und Zonen durch Gerade und Kreise ausdrücken können, wir uns nicht mit Vortheil der schwerfälligen Parabeln und Hyperbeln bedienen. Am wenigsten aber kann eine räumliche Abbildung der Zonen von Nutzen sein, denn, operiren wir schon im Raum, so bleiben wir gleich bei der Zone selbst. Wir finden aber bei Ditscheiner die Zonenkugel, den kreisförmigen, den elliptischen, den parabolischen und den hyperbolischen Zonenkegel, das stumpfere und das spitzere Zonenconoid. Alles dieses nur um die Zone zu ersetzen. Zu welchem Zweck, ist nicht ersichtlich.

Disposition. Wir wollen nun nochmals kurz das Wesen der vier in der Krystallographie verwendbaren Projectionsarten darlegen und verweisen zur Ergänzung in Betreff der stereographischen und der Quenstedt'schen Projection auf die Literatur. Für die Berechnung der polaren und der linearen Elemente, die Aufstellung, die Beziehungen zwischen Symbolen und Projection, die Transformation und Umrechnung der Elemente vergleiche man die Einleitung zu meinem Index der Krystallformen. Einiges ist in meiner kleinen Schrift „Ueber krystallographische Demonstration mit Hilfe von Korkmodellen und Nadelstiften" ausführlicher und vielleicht anschaulicher gegeben. Man wolle also auch diese zu Rathe ziehen.

Das Einzelne wird in den Aufgaben erledigt, aus denen bessere Klarheit über die Projectionen, ihre Verwendbarkeit und ihre Beziehungen zu einander gewonnen werden kann, als durch allgemeine Darlegungen. Da die graphische Krystallberechnung in der hier entwickelten Weise auf den Projectionen beruht, so sind im Folgenden die Untersuchungen über Projection und graphische Krystallberechnung nicht scharf getrennt. Probleme, die zunächst nur der Projection als Mittel der Veranschaulichung dienen, so be-

---

[1]) Wir verstehen unter dem Mittelpunkt einer Zonenlinie resp. Flächenlinie den Fusspunkt einer Senkrechten auf die Zonenlinie (Flächenlinie) aus dem Scheitelpunkt C.

sonders die Constructionen, welche zu den kreislinigen Projectionen hinüberführen, in denen wir nicht messen, kommen indirect der graphischen Berechnung zu Gute, indem sie entweder die die Rechnung begünstigende Anschauung fördern, oder einen Uebergang bilden zu Aufgaben, die direct der Berechnung dienen. Das Schwergewicht bei den Constructionen liegt in der gnomonischen Projection.

Vor diesen Untersuchungen lassen wir einige Bemerkungen über das exacte Zeichnen hergehen.

Bemerkungen über exactes Zeichnen.

Sollen Zeichnungen nicht nur ein Bild geben, das die Anschauung vermittelt, sondern zur graphischen Lösung von Aufgaben dienen, so müssen die Constructionen nicht nur richtig, sondern auch soweit als irgend möglich genau sein. Der Werth der ganzen Methode ist wesentlich abhängig von der Exactheit in Ausführung der Zeichnungen. Es ist deshalb nicht überflüssig, das Zeichenmaterial und die einfachsten Verrichtungen des geometrischen Zeichnens einer kurzen Betrachtung zu unterziehen.

Bleistifte. Zum Ziehen der Linien bedient man sich harter Bleistifte von der besten Qualität. Geeignet sind z. B. die Stifte: Faber, Graphite de Sibérie 4H und 6H oder Hardtmuth, Graphite comprimé No. 5 und 6. Sie werden nicht rund gespitzt, sondern zu einer breiten Schneide geschärft; die letzte Schärfung wird auf einem Stein gegeben. Ebenso wird auf dem Stein nachgeschliffen, wenn der Stift anfängt stumpf zu werden. Lange Spitzen halten sich besser als kurze und sind, wenn stumpf geworden, leichter zu verbessern. No. 6 verwendet man zur ersten Construction, No. 5 zum Nachziehen des etwa Hervorzuhebenden. Neben diesen ganz harten Stiften wird zum Einschreiben der Symbole, zum Ziehen von Ringeln u. s. w. ein Stift No. 4 geführt. Derselbe ist rund gespitzt, am besten kurz und mit anders gefärbtem Holz als die Linienstifte, damit man beide nicht verwechselt und jeden beliebigen greifen kann, ohne den Blick und die Aufmerksamkeit von einem fixirten Punkt der Zeichnung abzulenken. Concentriren der Aufmerksamkeit ist für graphisches Arbeiten von Wichtigkeit. Jedes Abziehen der Aufmerksamkeit kostet Zeit und zieht die Exactheit herab.

Runde Stifte sind zu vermeiden, da sie leicht vom Brett herabrollen.

Ausserdem hat man weiche Bleistifte No. 3, 2, 1 für grobe Einschreibungen, Schraffirungen, Handskizzen, für letztere auch Farbenstifte.

Führen des Stiftes. Ziehen von geraden Linien. Der Stift ist in der Fuge zwischen Lineal und Papier zu führen (Fig. 5). Eine Führung vom Lineal ab (Fig. 6) mit Anlegen an den oberen Rand des Lineals erscheint nur dann gerechtfertigt, wenn man auf bereits gezogenen Linien hingeht

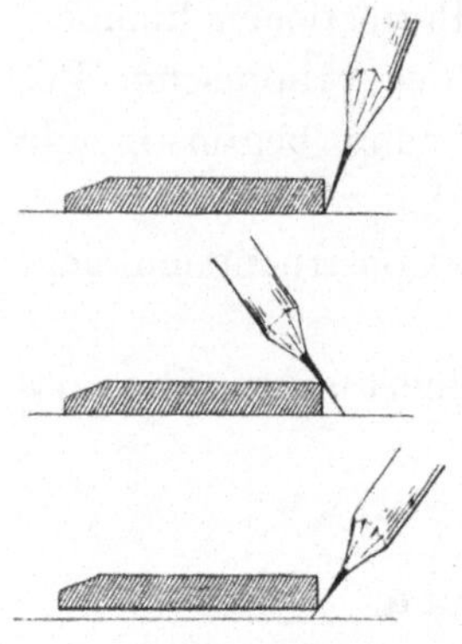

Fig. 5, 6, 7.

und bei der Verbindung mehrerer Punkte (Nadelstiche) auf kürzere Strecken. Im letzteren Fall hat man sich durch vorheriges Durchführen des Stiftes durch die Punkte zu überzeugen, dass die Linie wirklich durch die Punkte geht; ist dies der Fall, so ist an der Neigung des Stiftes nichts mehr zu ändern.

Beim Ziehen der Linie in der Fuge ist darauf zu achten, dass das Lineal fest aufliegt, es entstehen sonst Fehler wie in Fig. 7 angedeutet. Bei unebenen Brettern ist dies eine beständige Fehlerquelle. Man kann den Fehler vermindern durch Herabdrücken des Lineals und dadurch, dass man den Stift wohl am unteren Rand des Lineals, aber möglichst vertical führt. Ein Stift mit langer, flacher Spitze lässt das zu.

Die Constructionslinien sollen so fein sein, als irgend möglich, so dass sie noch eben wahrgenommen werden können. Der Grad der Feinheit richtet sich nach der Güte des Auges. Je schärfer das Auge, desto zarter kann man die Linie nehmen. Ein Eingraben der Linien ist zu vermeiden. Ist die feinste Linie von No. 6 für ein Auge nicht gut sichtbar, so nehme man das schwärzere No. 5 und mache damit die zarteste Linie, lieber, als dass man No. 6 breiter werden lässt oder stärker aufdrückt.

Linienziehen mit der Reissfeder. Das Ausziehen mit der Feder ist immer ungenauer, als mit dem Bleistift, einmal, weil man mit der Feder nicht in der Fuge des Lineals ziehen kann und dadurch der Abstand der Linie vom Lineal schwankt, dann weil man die Linie nicht so fein machen kann, endlich weil Correcturen misslich sind. Es sind deshalb Douche- oder Farbenlinien nur auf die bereits gezogenen Bleistiftlinien aufzusetzen und zwar erst, nachdem die Zeichnung vollendet ist. Ist es nöthig, noch bevor das gesuchte Resultat gefunden ist, in eine complicirte Zeichnung durch Douche oder Farbe statt der zarten Bleistiftlinien Uebersichtlichkeit zu bringen, so achte man darauf, nur solche Linien farbig zu machen, bei denen es auf grosse Exaktheit nicht mehr ankommt. Gewöhnlich genügt die genaue Festlegung von Punkten, die selbst von der Farbe nicht getroffen werden, sondern die man mit farbigen Ringeln umzieht. Muss man eine wichtige Constructions-Linie z. B. den Grundkreis farbig ausziehen, so ist die Farbenlinie möglichst fein zu machen und die grösste Vorsicht anzuwenden, damit man mit der Feder nicht von der unterlegten Bleistiftlinie abweicht.

Fixiren von Punkten. Jeder Punkt wird mit Hilfe der Punktirnadel durch einen Nadelstich fixirt. Dieser Nadelstich soll so fein sein, dass er mit freiem Augs aus der Nähe eben sichtbar ist, schwache Augen müssen die Loupe zu Hilfe nehmen. Um ihn von der Ferne auffindbar zu machen, umzieht man ihn sofort, nachdem er gesetzt ist, mit einem Bleistiftringel (mit Bleistift No. 4). Dies gilt auch für Punkte, die in der Construction nur vorübergehende Bedeutung haben. Ist der Punkt überflüssig geworden, so nimmt man das Ringel wieder weg und der Punkt selbst ist dadurch so gut wie verschwunden. Durch Grösse und Gestalt der Ringel und durch Zeichen an denselben können Punkte von verschiedener Bedeutung kenntlich gemacht werden, ebenso durch dazu gesetzte Buchstaben oder Zahlensymbole. Punkte von dauernder Bedeutung, z. B. Projectionspunkte, erhalten nach beendeter Construction Ringel mit Douche oder Farbe; diese zieht man aus freier Hand, besser aber mit dem Nullenzirkel. Man kann mit diesem die Ringel nicht nur gross und klein, sondern auch breit- oder schmalrandig machen. So kann man Punkte gleicher Art durch gleiche Farbe, solche verschiedener Wichtigkeit durch verschiedene Grösse und Stärke des Ringels kenntlich machen. Oft genügt es zur Orientirung, nur die Punkte durch verschiedene Farben hervorzuheben, die Linien als Bleistiftlinien zu belassen. Dann büsst die Zeichnung nichts an ihrer Exaktheit ein. Soll ein Punkt zum Zweck der Demonstration weithin sichtbar sein, so giebt man seinem Ringel entweder einen sehr starken Rand, oder man füllt es mit Farbe aus; trotz der Farbe ist der Nadelstich deutlich zu erkennen.

Sind mehrere Punkte durch eine Linie zu verbinden, so ist die Bleistiftlinie durch die Nadelstiche zu führen. Starke Linien, Douche- und Farbenlinien sind nur bis an das Ringel zu bringen.

Ist auch nur vorübergehend der Schnittpunkt zweier Linien zu benutzen, so ist er, bevor man das Lineal an ihn anlegt, durch einen Nadelstich zu bezeichnen. Auf diese Art wählt man die Stelle, an die das Lineal anzulegen ist, richtiger und das Arbeiten ist bequemer und sicherer.

Ziehen von Kreisen. Beim Ziehen von Kreisen ist stets die Nadelspitze, nie die eckige Zirkelspitze ins Centrum zu setzen. Sie hat senkrecht auf dem Papier zu stehen, damit sie beim Umdrehen nicht einen Kegel ausbohrt. Auch das Ende mit Stift oder Feder hat möglichst senkrecht zu stehen. Zu diesem Zweck sind die Gelenke der Zirkeleinsätze zu biegen; nach Bedarf ist das Verlängerungsstück anzuwenden. Beim Ziehen eines grossen Kreises fasst man den Zirkel an beiden Enden, hält mit der einen Hand die Nadelspitze, so dass sie das Papier nur leicht berührt und führt mit der andern den Stift ebenfalls dicht beim Ende gefasst. Besonders wichtig ist dieses vorsichtige Verfahren beim Grundkreis, dessen Centrum bei vielen Constructionen eine Rolle spielt. Ein weitgebohrtes Centrum macht nicht nur den Centralpunkt, sondern auch den Kreis ungenau, ebenso alle von dem Punkt ausgehenden Abmessungen. Zum Ziehen der Kreise gehört eine leichte Hand, damit während der Drehung die Zirkelöffnung sich nicht ändert.

Die Bleistiftspitze muss sehr hart sein, No. 5 oder 6. Sie wird ebenfalls zur Schneide zugeschärft, nicht rund gespitzt und so eingesetzt, dass die Schneide in der Drehungsrichtung liegt.

Reissbrett. Man führt am besten zwei Bretter von folgenden Dimensionen: 125 : 90 cm und 60 : 45 cm. Besonders bei dem grossen Brett ist darauf zu sehen, dass es möglichst eben sei, was vollkommen nicht erreicht wird. Mag das Brett hohl oder gewölbt verlaufen, immer bringt es Fehler mit, die sehr störend sind; auch mit geradem Lineal werden auf einem solchen die Linien krumm. Hat das Brett sich stark verzogen, so muss es abgehobelt werden. Geht es hohl, so hat man noch den Nachtheil, dass bei aufgespanntem Bogen das Papier ebenfalls hohl liegt und man mit Zirkel und Nadel leicht grosse Löcher sticht.

Papier. Die Stärke des Papiers richtet sich nach der Grösse des Blattes, doch soll es stets lieber zu stark, als zu schwach sein. Jedenfalls so, dass es selbst bei nicht gar zu vorsichtiger Behandlung keine Knitterfalten bekommt. Das Papier soll möglichst glatt sein. Besonders bei kleinem Massstab der Zeichnung ist darauf zu achten. Bei grossen Blättern treten die Fehler durch Rauhigkeit des Papiers gegen die Fehler des Brettes, des Lineals und der Arbeit zurück und es ist dann mehr auf die anderen Qualitäten des Papiers zu sehen. Auch kommt es darauf an, ob man aufspannt oder nur den Bogen auflegt oder mit Heftnägeln befestigt. In letzteren Fällen ist ein cartonartiges Papier geeignet. Die Cartons nehmen in der Regel nicht gut Farbe an, leiden durch Radiren u. s. w. Für den Zweck der graphirten Rechnung sind diese Fehler meist ohne Bedeutung und es bleiben die Vorzüge der Glätte und Unbiegsamkeit.

Lineal und Dreieck sollen aus Stahl sein, da die hölzernen Werkzeuge nie gerade sind. Besonders bei grossen Dimensionen sind die Fehler beträchtlich. Das Lineal sei nach einer Seite abgeschrägt, jedoch nicht zur Schärfe, da eine solche leicht Scharten bekommt. Neben dem grossen Dreieck ist ein kleines gut; bei ihm ist die Hypothenuse zur Schärfe zu schleifen.

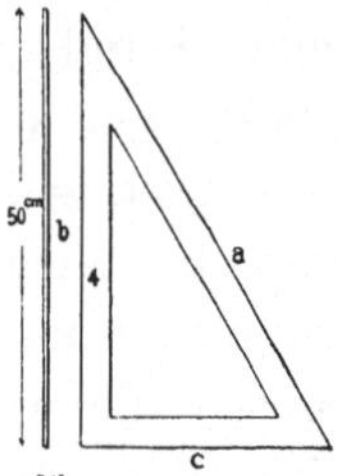

Beistehende Dimensionen haben sich als gut bewährt. (Fig. 8.)

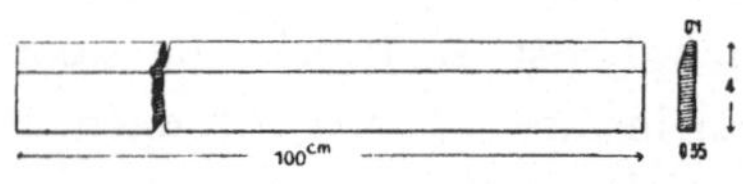

Es empfiehlt sich ausserdem, neben den Stahlwerkzeugen für minder genaue und kleine Arbeiten ein hölzernes Dreieck und Lineal zu führen; diese sind leichter und handlicher und reichen für viele Fälle aus.

Prüfung des Lineals und des Dreiecks. Man zieht auf ebenem Blatt eventuell auf Glas oder geschliffener Steintafel eine Gerade, dreht das Lineal um und zieht eine Gerade dicht daneben.

Fig. 8.

Beide müssen sich decken. Das Verfahren ist mit der anderen Seite des Lineals zu wiederholen. Ist die Unterlage nicht ganz eben, so ist die Probe werthlos. Beim Dreieck sind alle Seiten auf Geradlinigkeit zu prüfen und ausserdem der rechte Winkel auf seine Richtigkeit. Man zieht eine Gerade, legt daran das Lineal, daran das Dreieck mit der Seite c (Fig. 8), zieht an b eine Gerade, klappt um, so dass c anliegen bleibt und zieht wieder b aus. Beide Linien sollen nicht divergiren. Die Spitze bei 90^0 (φ) soll scharf sein, nicht gerundet. Die an ihr herabgehende kurze Kante muss vertical laufen. Dies ist erforderlich, weil wir bei manchen Constructionen mit dieser Ecke auf einen Punkt einstellen.

Auftragen und Abstechen der Masse. Massstab. Zum Auftragen und Abstechen der Masse bedient man sich· des Zirkels und eines in $^1/_2$ mm getheilten Massstabes, am besten aus Elfenbein. Man kann auf ihm mit grosser Sicherheit auf o.1 mm richtig abstechen, indem man die Theile des eingravirten Intervalls von o.5 mm schätzt. Um die Zehntel-Millimeter abzustechen benutzt man sonst wohl Massstäbe mit Diagonal-Theilung, doch ist die Genauigkeit dadurch nur scheinbar erhöht, indem man das richtige Einstechen auf die Linie auch nicht genauer beurtheilt als auf o.1 mm. Sind die Linien nicht haarfein eingezogen, so ist der durch die Breite der Diagonallinien hereingebrachte Fehler grösser, als der durch Schätzung. Es kommt dazu, dass, wenn auf der Zeichnung die Punkte auch fein gesetzt sind, doch ihr Ort nicht mit solcher Genauigkeit fixirt ist, als die Abmessung auf obigem Massstab zulässt, vielmehr hat die Abmessung auf dem Massstab noch einen Vorsprung an Genauigkeit, der für alle Fälle genügt.

Beim Abstechen von dem Massstab empfiehlt es sich, nicht von o aus zu messen, da sonst die o Linie sich zu sehr abnutzt. Kleine Abmessungen sind an beliebiger Stelle zu nehmen. Bei grossen Masszahlen hat man sich vor Irrthum um eine ganze Einheit zu hüten. Man thut dann gut, um eine Centimeter-Nummer weiter zu gehen und die Millimeter und Zehntel zwischen 1 und o zu nehmen. Beispiel: Abzustechen 7.25 cm. Ich setze mit dem Zirkel bei 8 ein (Spitze oder Nadel) und stelle das andere Ende (Nadel oder Bleistiftschneide) auf o.25 über 1 hinaus. Treten nur ganze Millimeter auf, so ist auf der Seite mit Eintheilung auf ganze Millimeter abzustechen. Ebenso ist diese Seite zu benutzen, wenn es nicht auf so grosse Genauigkeit ankommt, um dadurch die Seite mit $^1/_2$ mm Theilung zu schonen. Auf diese Weise kann man sich den Massstab lange genau erhalten. Beide Zirkelspitzen müssen in gleicher Höhe des Theilstriches sein. Um den Massstab zu schonen wechselt man auch mit der Höhe des Einstichpunktes.

Abmessen durch directes Anlegen des Massstabes ist nicht zu empfehlen wegen der Fehler der Parallaxe. Will man es doch, so ist das Auge vertical über den beobachteten Punkt des Massstabes zu bringen und mit der Nadel von da vertical abwärts zu stechen.

Prüfen des Massstabes. Man prüft einen Massstab beim Ankauf, indem man beliebige Theile in den Zirkel nimmt und an verschiedenen Stellen nachsieht, ob man die gleiche Ablesung erhält. Eine solche Prüfung ist nicht zu versäumen, da auf richtigem Mass richtige Resultate basiren. Es muss ganz gleich sein, an welcher Stelle des Massstabes man absticht. Massstäbe von genügender Genauigkeit sind nicht schwer zu finden. Die Linien des Massstabes müssen fein sein und nicht zu tief eingegraben; immerhin so tief, dass das eine Zirkelende an der Furche einen Halt findet, während das andere Ende eingestellt wird.

Grundmasse. Stangenzirkel. Für ein sich wiederholendes Grundmass, p_0, q_0, a_0 oder b_0 ist es nicht schlecht, dasselbe durch den Stangenzirkel zu fixiren, doch kann die gleiche Genauigkeit auch ohne diesen erlangt werden. Der Fall, dass die Grundmasse mit aller erreichbaren Genauigkeit wiederholt aufgetragen werden sollen, tritt bei Beginn jeder Zeichnung ein. Es ist dann so zu verfahren. Man trägt auf die Axe das erforderliche Vielfache der Einheit als Ganzes auf und controlirt dies durch die Summe der Einheiten, diese durch das Ganze. z. B. man habe von einem Punkt aus viermal die Grösse $2 \cdot 73$ cm aufzutragen, so trägt man zunächst $4 \times 2 \cdot 73 = 10 \cdot 92$ cm auf, die man auf dem Massstab absticht, dahinein vom äusseren Ende aus $2 \times 2 \cdot 73 = 5 \cdot 46$ cm; nach Drehung des Zirkels muss der Anfangspunkt getroffen werden. In jeden dieser Theile trägt man $2 \cdot 73$ zweimal. Hierdurch ist nicht nur die Summirung der Fehler durch das Fortschreiten mit dem Zirkel und das erste ungenaue Abstechen der Einheit behoben, sondern es ist auch durch Abmessen der verschiedenen Zahlen ein Irrthum im Abstechen des Grundmasses durch Verwechselung der Zahl ausgeschlossen.

Theilung einer Geraden. Die Theilung geschieht am sichersten unter Zuhilfenahme des Massstabes. Eine Linie sei in drei Theile zu theilen. Man sticht ihre Länge ab (sie sei $= 3 \cdot 75$ cm), trägt davon ein Drittel ($1 \cdot 25$ cm) neu auf und controlirt durch dreimaliges Auftragen in das Ganze. Das stimmt bei aufmerksamer Arbeit sofort. Beim Eintragen der Flächenpunkte aus den Symbolen spielt diese Theilung eine grosse Rolle. Man kann sich für diesen Fall die Arbeit erleichtern, indem man entweder Massstäbe für die verschiedenen Bruchtheile der vorliegenden Einheit ausarbeitet, (vgl. krystallogr. Projectionsbilder) oder, indem man sich für die Bruchtheile der Einheiten in Decimalen eine kleine Tabelle ausrechnet, nach der man auftragen und ablesen kann.

Das Theilen einer Linie durch Ausprobiren geht langsamer und ist ungenauer, ausserdem leidet das Papier durch das viele Einstechen zum Schaden der Zeichnung.

Arbeitet man mit rastrirtem Papier, so ist dieses selber Massstab und es sind die Theile der kleinsten Netzeinheit in Decimalen verwandelt zu schätzen. Bei dem tetragonalen Netz geht das mit genügender Exactheit sowohl in Richtung der Linien, als der Diagonalen; bei dem hexagonalen Netz sind die Einheiten etwas gross und es ist unter Umständen der Massstab zu Hilfe zu nehmen.

Umzeichnen in verändertem Mass. Zunächst ist an Verkleinerungen zu denken. Man führt sie so aus: Man befestigt das Originalblatt auf dem Brett; auf demselben das neue Blatt; letzteres am besten mit Gummi an dem Brettrand. Nun bleiben alle Linien parallel auf beiden Blättern. Man überträgt die Richtung durch Verschieben des Dreiecks. Die Umwandlung der Länge hat wieder mit Hilfe des Massstabes zu geschehen. Hat man Spielraum in der Wahl der Verkleinerung, so nimmt man entweder $\frac{1}{2}$ $\frac{1}{3}$ ... oder eine einfache Decimalzahl $0 \cdot 3$, $0 \cdot 4$, $0 \cdot 5$ .... Letzteres ist in der Regel anzuwenden. Man sticht das Mass auf dem Original und dann auf dem Massstab ab, multiplicirt mit der Verkleinerungszahl und trägt den berechneten Werth wieder mit Hilfe des Massstabes auf.

Beispiel: Massstab $0 \cdot 6$ des Originals. Abgestochen: $2 \cdot 39$ cm. Aufgetragen: $2 \cdot 39 \times 0 \cdot 6 = 1 \cdot 43$ cm. Der Zeitaufwand für dies Umrechnen ist minimal, die Genauigkeit die erreichbar grösste.

Beim Uebertragen ist möglichst von aussen nach innen zu arbeiten. Die ersten äusseren Punkte sind mit allen Mitteln der Controle festzulegen. Beim Eintragen der inneren Theile verkleinern sich die Masse und mit ihnen die Fehler und mehren sich die Controlen. Hauptcontrole und Bestimmungsmittel ist der Zonenverband.

Vergrösserung ist möglichst zu vermeiden; es vergrössern sich dabei die Fehler. Will man doch eine Vergrösserung ausführen, so sind zur Controle aus den Originalangaben gerechnete Masse herbeizuziehen und mit diesen einige (besonders äussere) Punkte zu bestimmen resp. zu controliren. Je stärker die Vergrösserung, desto vorsichtiger muss controlirt werden.

Das Ziehen von Parallelen mit Hilfe von einem Dreieck und Lineal oder mit zwei Dreiecken ist als bekannt vorauszusetzen. Dabei ist nur zu beachten, dass das bewegte Dreieck bei der Schiebung fest anliegen bleibt und dass das festliegende sich nicht dreht. Zu controliren ist letzteres durch Zurückschieben des Dreiecks an die erste Linie, der es sich wieder genau anlegen muss.

Auftragen und Abmessen eines Winkels. Die schlechteste Art, einen Winkel aufzutragen oder abzumessen, ist die mittelst des Transporteurs. Sie bedarf dieses Instruments, von dessen Ausführung man abhängig ist und dessen Fehler man mitmacht. Aber auch die Benutzung eines guten Transporteurs bringt nicht unbedeutende Ungenauigkeiten durch Unsicherheit des Scheitelpunktes, durch Parallelaxe u. s. w.

Wir wollen den Winkel messen durch die **Sehne** oder durch die **Tangente** im Einheitskreis.

In Fig. 9 sei

$$OA = r, \text{ so ist } AB = s = 2 \sin \frac{\alpha}{2}.$$
$$AC = t = \mathrm{tg}\ \alpha.$$

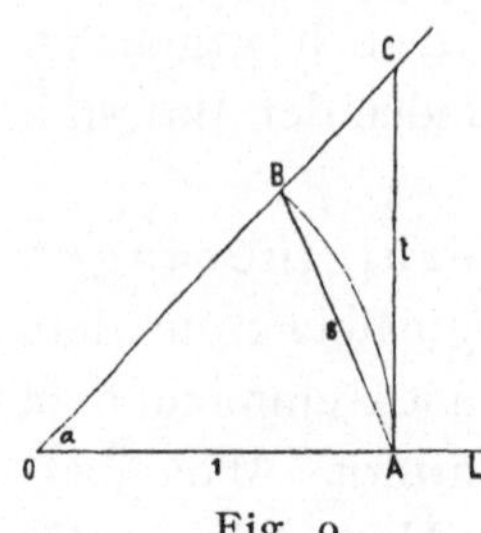

Fig. 9.

Jedem Winkelwerth α entspricht eine Sehne (s) und eine Tangente (t). Diese Werthe finden sich in Tabellen ausgerechnet. Auch ich habe im Index der Krystallformen, S. 128—130, speciell in Hinblick auf die graphische Krystallberechnung neben der Tabelle der wirklichen Sinus, Cosinus, Tangenten und Cotangenten eine Tabelle der Sehnen abgedruckt,[1]) die ich für solche, die den Index nicht besitzen, hier nochmals gebe. Es wurden aus der ersten Tabelle auch die Sinus und Cosinus nicht ausgeschieden, um der Tabelle eine allgemeinere Verwendbarkeit zu belassen.

Tabelle I.

Wirkliche Sinus, Cosinus, Tangenten und Cotangenten.

Winkel	Sin.	Tang.	Cotg.	Diff.	Cos.	Winkel
0° 0'	0·0000	0·0000	infinit.		1·0000	0' 90°
10	0·0029	0·0029	343·7737		1·0000	50
20	0·0058	0·0058	171·8854		1·0000	40
30	0·0087	0·0087	114·5887		1·0000	30
40	0·0116	0·0116	85·9398		0·9999	20
50	0·0145	0·0145	68·7501		0·9999	10
1 0	0·0175	0·0175	57·2900	81861	0·9998	0 89
10	0·0204	0·0204	49·1039	61398	0·9998	50
20	0·0233	0·0233	42·9641	47756	0·9997	40
30	0·0262	0·0262	38·1885	38207	0·9997	30
40	0·0291	0·0291	34·3678	31262	0·9996	20
50	0·0320	0·0320	31·2416	26053	0·9995	10
2 0	0·0349	0·0349	28·6363	22047	0·9994	0 88
10	0·0378	0·0378	26·4316	18898	0·9993	50
20	0·0407	0·0407	24·5418	16380	0·9992	40
30	0·0436	0·0437	22·9038	14334	0·9990	30
40	0·0465	0·0466	21·4704	12648	0·9989	20
50	0·0494	0·0495	20·2056	11245	0·9988	10
3 0	0·0523	0·0524	19·0811	10061	0·9986	0 87
10	0·0552	0·0553	18·0750	9057	0·9985	50
20	0·0581	0·0582	17·1693	8194	0·9983	40
30	0·0610	0·0612	16·3499	7451	0·9981	30
40	0·0640	0·0641	15·6048	6804	0·9980	20
50	0·0669	0·0670	14·9244	6237	0·9978	10
4 0	0·0698	0·0699	14·3007	5740	0·9976	0 86
10	0·0727	0·0729	13·7267	5298	0·9974	50
20	0·0756	0·0758	13·1969	4907	0·9971	40
30	0·0785	0·0787	12·7062	4557	0·9969	30
Winkel	**Cos.**	**Cotg.**	**Tang.**	**Diff.**	**Sin.**	**Winkel**

Winkel	Sin.	Tang.	Cotg.	Diff.	Cos.	Winkel
4° 40'	0·0814	0·0816	12·2505	4243	0·9967	20' 85°
50	0·0843	0·0846	11·8262	3961	0·9964	10
5 0	0·0872	0·0875	11·4301	3707	0·9962	0 85
10	0·0901	0·0904	11·0594	3475	0·9959	50
20	0·0929	0·0934	10·7119	3265	0·9957	40
30	0·0958	0·0963	10·3854	3074	0·9954	30
40	0·0987	0·0992	10·0780	2898	0·9951	20
50	0·1016	0·1022	9·7882	2738	0·9948	10
6 0	0·1045	0·1051	9·5144	2591	0·9945	0 84
10	0·1074	0·1080	9·2553	2455	0·9942	50
20	0·1103	0·1110	9·0098	2329	0·9939	40
30	0·1132	0·1139	8·7769	2214	0·9936	30
40	0·1161	0·1169	8·5555	2105	0·9932	20
50	0·1190	0·1198	8·3450	2007	0·9929	10
7 0	0·1219	0·1228	8·1443	1913	0·9925	0 83
10	0·1248	0·1257	7·9530	1826	0·9922	50
20	0·1276	0·1287	7·7704	1746	0·9918	40
30	0·1305	0·1317	7·5958	1671	0·9914	30
40	0·1334	0·1346	7·4287	1600	0·9911	20
50	0 1363	0·1376	7·2687	1533	0·9907	10
8 0	0·1392	0·1405	7·1154	1472	0·9903	0 82
10	9·1421	0·1435	6·9682	1413	0·9899	50
20	0·1449	0·1465	6·8269	1357	0·9894	40
30	0·1478	0·1495	6·6912	1306	0·9890	30
40	0·1507	0·1524	6·5606	1258	0·9886	20
50	0·1536	0·1554	6·4348	1210	0·9881	10
9 0	0·1564	0·1584	6·3138		0·9877	0 81
Winkel	**Cos.**	**Cotg.**	**Tang.**	**Diff.**	**Sin.**	**Winkel**

[1]) Aus Gauss, Logarithmen. Halle 1882.

Tabelle I. (Fortsetzung.)

Winkel	Sin.	Tang.	Cotg.	Diff.	Cos.	Winkel	Winkel	Sin.	Tang.	Cotg.	Diff.	Cos.	Winkel
9° 0'	0·1564	0·1584	6·3138	1168	0·9877	0' 81°	18° 0'	0·3090	0·3249	3·0777	302	0·9511	0' 72°
10	0·1593	0·1614	6·1970	1126	0·9872	50	10	0·3118	0·3281	3·0475	297	0·9502	50
20	0·1622	0·1644	6·0844	1086	0·9868	40	20	0·3145	0·3314	3·0178	291	0·9492	40
30	0·1650	0·1673	5·9758	1050	0·9863	30	30	0·3173	0·3346	2·9887	287	0·9483	30
40	0·1679	0·1703	5·8708	1014	0·9858	20	40	0·3201	0·3378	2·9600	281	0·9474	20
50	0·1708	0·1733	5·7694	981	0·9853	10	50	0·3228	0·3411	2·9319	277	0·9465	10
10 0	0·1736	0·1763	5·6713	949	0·9848	0 80	19 0	0·3256	0·3443	2·9042	272	0·9455	0 71
10	0·1765	0·1793	5·5764	919	0·9843	50	10	0·3283	0·3476	2·8770	268	0·9446	50
20	0·1794	0·1823	5·4845	890	0·9838	40	20	0·3311	0·3508	2·8502	263	0·9436	40
30	0·1822	0·1853	5·3955	862	0·9833	30	30	0·3338	0·3541	2·8239	259	0·9426	30
40	0·1851	0·1883	5·3093	836	0·9827	20	40	0·3365	0·3574	2·7980	255	0·9417	20
50	0·1880	0·1914	5·2257	811	0·9822	10	50	0·3393	0·3607	2·7725	250	0·9407	10
11 0	0·1908	0·1944	5·1446	788	0·9816	0 79	20 0	0·3420	0·3640	2·7475	247	0·9397	0 70
10	0·1937	0·1974	5·0658	764	0·9811	50	10	0·3448	0·3673	2·7228	243	0·9387	50
20	0·1965	0·2004	4·9894	742	0·9805	40	20	0·3475	0·3706	2·6985	239	0·9377	40
30	0·1994	0·2035	4·9152	722	0·9799	30	30	0·3502	0·3739	2·6746	235	0·9367	30
40	0·2022	0·2065	4·8430	701	0·9793	20	40	0·3529	0·3772	2·6511	232	0·9356	20
50	0·2051	0·2095	4·7729	683	0·9787	10	50	0·3557	0·3805	2·6279	228	0·9346	10
12 0	0·2079	0·2126	4·7046	664	0·9781	0 78	21 0	0·3584	0·3839	2·6051	225	0·9336	0 69
10	0·2108	0·2156	4·6382	646	0·9775	50	10	0·3611	0·3872	2·5826	221	0·9325	50
20	0·2136	0·2186	4·5736	629	0·9769	40	20	0·3638	0·3906	2·5605	219	0·9315	40
30	0·2164	0·2217	4·5107	613	0·9763	30	30	0·3665	0·3939	2·5386	214	0·9304	30
40	0·2193	0·2247	4·4494	597	0·9757	20	40	0·3692	0·3973	2·5172	212	0·9293	20
50	0·2221	0·2278	4·3897	582	0·9750	10	50	0·3719	0·4006	2·4960	209	0·9283	10
13 0	0·2250	0·2309	4·3315	568	0·9744	0 77	22 0	0·3746	0·4040	2·4751	206	0·9272	0 68
10	0·2278	0·2339	4·2747	554	0·9737	50	10	0·3773	0·4074	2·4545	203	0·9261	50
20	0·2306	0·2370	4·2193	540	0·9730	40	20	0·3800	0·4108	2·4342	200	0·9250	40
30	0·2334	0·2401	4·1653	527	0·9724	30	30	0·3827	0·4142	2·4142	197	0·9239	30
40	0·2363	0·2432	4·1126	515	0·9717	20	40	0·3854	0·4176	2·3945	195	0·9228	20
50	0·2391	0·2462	4·0611	503	0·9710	10	50	0·3881	0·4210	2·3750	191	0·9216	10
14 0	0·2419	0·2493	4·0108	491	0·9703	0 76	23 0	0·3907	0·4245	2·3559	190	0·9205	0 67
10	0·2447	0·2524	3·9617	481	0·9696	50	10	0·3934	0·4279	2·3369	186	0·9194	50
20	0·2476	0·2555	3·9136	469	0·9689	40	20	0·3961	0·4314	2·3183	185	0·9182	40
30	0·2504	0·2586	3·8667	459	0·9681	30	30	0·3987	0·4348	2·2998	181	0·9171	30
40	0·2532	0·2617	3·8208	448	0·9674	20	40	0·4014	0·4383	2·2817	180	0·9159	20
50	0·2560	0·2648	3·7760	439	0·9667	10	50	0·4041	0·4417	2·2637	177	0·9147	10
15 0	0·2588	0·2679	3·7321	430	0·9659	0 75	24 0	0·4067	0·4452	2·2460	174	0·9135	0 66
10	0·2616	0·2711	3·6891	421	0·9652	50	10	0·4094	0·4487	2·2286	173	0·9124	50
20	0·2644	0·2742	3·6470	411	0·9644	40	20	0·4120	0·4522	2·2113	170	0·9112	40
30	0·2672	0·2773	3·6059	403	0·9636	30	30	0·4147	0·4557	2·1943	168	0·9100	30
40	0·2700	0·2805	3·5656	395	0·9628	20	40	0·4173	0·4592	2·1775	166	0·9088	20
50	0·2728	0·2836	3·5261	387	0·9621	10	50	0·4200	0·4628	2·1609	164	0·9075	10
16 0	0·2756	0·2867	3·4874	379	0·9613	0 74	25 0	0·4226	0·4663	2·1445	162	0·9063	0 65
10	0·2784	0·2899	3·4495	371	0·9605	50	10	0·4253	0·4699	2·1283	160	0·9051	50
20	0·2812	0·2931	3·4124	365	0·9596	40	20	0·4279	0·4734	2·1123	158	0·9038	40
30	0·2840	0·2962	3·3759	357	0·9588	30	30	0·4305	0·4770	2·0965	156	0·9026	30
40	0·2868	0·2994	3·3402	350	0·9580	20	40	0·4331	0·4806	2·0809	154	0·9013	20
50	0·2896	0·3026	3·3052	343	0·9572	10	50	0·4358	0·4841	2·0655	152	0·9001	10
17 0	0·2924	0·3057	3·2709	338	0·9563	0 73	26 0	0·4384	0·4877	2·0503	150	0·8988	0 64
10	0·2952	0·3089	3·2371	330	0·9555	50	10	0·4410	0·4913	2·0353	149	0·8975	50
20	0·2979	0·3121	3·2041	325	0·9546	40	20	0·4436	0·4950	2·0204	147	0·8962	40
30	0·3007	0·3153	3·1716	319	0·9537	30	30	0·4462	0·4986	2·0057	145	0·8949	30
40	0·3035	0·3185	3·1397	313	0·9528	20	40	0·4488	0·5022	1·9912	144	0·8936	20
50	0·3062	0·3217	3·1084	307	0·9520	10	50	0·4514	0·5059	1·9768	142	0·8923	10
18 0	0·3090	0·3249	3·0777		0·9511	0 72	27 0	0·4540	0·5095	1·9626		0·8910	0 63
Winkel	Cos.	Cotg.	Tang.	Diff.	Sin.	Winkel	Winkel	Cos.	Cotg.	Tang.	Diff.	Sin.	Winkel

Tabelle I. (Fortsetzung.)

Winkel	Sin.	Tang.	Cotg.	Diff.	Cos.	Winkel	Winkel	Sin.	Tang.	Cotg.	Diff.	Cos.	Winkel
27° 0'	0·4550	0·5095	1·9626	140	0·8910	0' 63°	36° 0'	0·5878	0·7265	1·3764	84	0·8090	0' 54°
10	0·4566	0·5132	1·9486	139	0·8897	50	10	0·5901	0·7310	1·3680	83	0·8073	50
20	0·4592	0·5169	1·9347	137	0·8884	40	20	0·5925	0·7355	1·3597	83	0·8056	40
30	0·4617	0·5206	1·9210	136	0·8870	30	30	0·5948	0·7400	1·3514	82	0·8039	30
40	0·4643	0·5243	1·9074	134	0·8857	20	40	0·5972	0·7445	1·3432	81	0·8021	20
50	0·4669	0·5280	1·8940	133	0·8843	10	50	0·5995	0·7490	1·3351	81	0·8004	10
28 0	0·4695	0·5317	1·8807	131	0·8829	0 62	37 0	0·6018	0·7536	1·3270	80	0·7986	0 53
10	0·4720	0·5354	1·8676	130	0·8816	50	10	0·6041	0·7581	1·3190	79	0·7969	50
20	0·4746	0·5392	1·8546	128	0·8802	40	20	0·6065	0·7627	1·3111	79	0·7951	40
30	0·4772	0·5430	1·8418	127	0·8788	30	30	0·6088	0·7673	1·3032	78	0·7934	30
40	0·4797	0·5467	1·8291	126	0·8774	20	40	0·6111	0·7720	1·2954	78	0·7916	20
50	0·4823	0·5505	1·8165	125	0·8760	10	50	0·6134	0·7766	1·2876	77	0·7898	10
29 0	0·4848	0·5543	1·8040	123	0·8746	0 61	38 0	0·6157	0·7813	1·2799	76	0·7880	0 52
10	0·4874	0·5581	1·7917	121	0·8732	50	10	0·6180	0·7860	1·2723	76	0·7862	50
20	0·4899	0·5619	1·7796	121	0·8718	40	20	0·6202	0·7907	1·2647	75	0·7844	40
30	0·4924	0·5658	1·7675	119	0·8704	30	30	0·6225	0·7954	1·2572	75	0·7826	30
40	0·4950	0·5696	1·7556	119	0·8689	20	40	0·6248	0·8002	1·2497	74	0·7808	20
50	0·4975	0·5735	1·7437	116	0·8675	10	50	0·6271	0·8050	1·2423	74	0·7790	10
30 0	0·5000	0·5774	1·7321	116	0·8660	0 60	39 0	0·6293	0·8098	1·2349	73	0·7771	0 51
10	0·5025	0·5812	1·7205	115	0·8646	50	10	0·6316	0·8146	1·2276	73	0·7753	50
20	0·5050	0·5851	1·7090	113	0·8631	40	20	0·6338	0·8195	1·2203	72	0·7735	40
30	0·5075	0·5890	1·6977	113	0·8616	30	30	0·6361	0·8243	1·2131	72	0·7716	30
40	0·5100	0·5930	1·6864	111	0·8601	20	40	0·6383	0·8292	1·2059	71	0·7698	20
50	0·5125	0·5969	1·6753	110	0·8587	10	50	0·6406	0·8342	1·1988	70	0·7679	10
31 0	0·5150	0·6009	1·6643	109	0·8572	0 59	40 0	0·6428	0·8391	1·1918	71	0·7660	0 50
10	0·5175	0·6048	1·6534	108	0·8557	50	10	0·6450	0·8441	1·1847	69	0·7642	50
20	0·5200	0·6088	1·6426	107	0·8542	40	20	0·6472	0·8491	1·1778	70	0·7623	40
30	0·5225	0·6128	1·6319	107	0·8526	30	30	0·6494	0·8541	1·1708	68	0·7604	30
40	0·5250	0·6168	1·6212	105	0·8511	20	40	0·6517	0·8591	1·1640	69	0·7585	20
50	0·5275	0·6208	1·6107	104	0·8496	10	50	0·6539	0·8642	1·1571	67	0·7566	10
32 0	0·5299	0·6249	1·6003	103	0·8480	0 58	41 0	0·6561	0·8693	1·1504	68	0·7547	0 49
10	0·5324	0·6289	1·5900	102	0·8465	50	10	0·6583	0·8744	1·1436	67	0·7528	50
20	0·5348	0·6330	1·5798	101	0·8450	40	20	0·6604	0·8796	1·1369	66	0·7509	40
30	0·5373	0·6371	1·5697	100	0·8434	30	30	0·6626	0·8847	1·1303	66	0·7490	30
40	0·5398	0·7412	1·5597	100	0·8418	20	40	0·6648	0·8899	1·1237	66	0·7470	20
50	0·5422	0·6453	1·5497	98	0·8403	10	50	0·6670	0·8952	1·1171	65	0·7451	10
33 0	0·5446	0·6494	1·5399	98	0·8387	0 57	42 0	0·6691	0·9004	1·1106	65	0·7431	0 48
10	0·5471	0·7536	1·5301	97	0·8371	50	10	0·6713	0·9057	1·1041	64	0·7412	50
20	0·5495	0·6577	1·5204	96	0·8355	40	20	0·6734	0·9110	1·0977	64	0·7392	40
30	0·5519	0·6619	1·5108	95	0·8339	30	30	0·6756	0·9163	1·0913	63	0·7373	30
40	0·5544	0·6661	1·5013	94	0·8323	20	40	0·6777	0·9217	1·0850	64	0·7353	20
50	0·5568	0·6703	1·4919	93	0·8307	10	50	0·6799	0·9271	1·0786	62	0·7333	10
34 0	0·5592	0·6745	1·4826	93	0·8290	0 56	43 0	0·6820	0·9325	1·0724	63	0·7314	0 47
10	0·5616	0·6787	1·4733	92	0·8274	50	10	0·6841	0·9380	1·0661	62	0·7294	50
20	0·5640	0·6830	1·4641	91	0·8258	40	20	0·6862	0·9435	1·0599	61	0·7274	40
30	0·5664	0·6873	1·4550	90	0·8241	30	30	0·6884	0·9490	1·0538	61	0·7254	30
40	0·5688	0·6916	1·4460	90	0·8225	20	40	0·6905	0·9545	1·0477	61	0·7234	20
50	0·5712	0·6959	1·4370	89	0·8208	10	50	0·6926	0·9601	1·0416	61	0·7214	10
35 0	0·5736	0·7002	1·4281	88	0·8192	0 55	44 0	0·6947	0·9657	1·0355	61	0·7193	0 46
10	0·5760	0·7046	1·4193	87	0·8175	50	10	0·6967	0·9713	1·0295	60	0·7173	50
20	0·5783	0·7089	1·4106	87	0·8158	40	20	0·6988	0·9770	1·0235	60	0·7153	40
30	0·5807	0·7133	1·4019	85	0·8141	30	30	0·7009	0·9827	1·0176	59	0·7133	30
40	0·5831	0·7177	1·3934	86	0·8124	20	40	0·7030	0·9884	1·0117	59	0·7112	20
50	0·5854	0·7221	1·3848	84	0·8107	10	50	0·7050	0·9942	1·0058	59	0·7092	10
36 0	0·5878	0·7265	1·3764		0·8090	0 54	45 0	0·7071	1·0000	1·0000	58	0·7071	0 45

Winkel	Cos.	Cotg.	Tang.	Diff.	Sin.	Winkel	Winkel	Cos.	Cotg.	Tang.	Diff.	Sin.	Winkel

Tabelle II.

Sehnen.

$$\left(s = 2 \sin \frac{\alpha}{2}\right)$$

°	0'	10'	20'	30'	40'	50'	°	0'	10'	20'	30'	40'	50'
0	0.0000	0.0029	0.0087	0.0087	0.0116	0.0145	40	0.6840	0.6868	0.6895	0.6922	0.6950	0.6977
1	0.0175	0.0204	0.0233	0.0262	0.0291	0.0320	41	0.7004	0.7031	0.7059	0.7086	0.7113	0.7140
2	0.0349	0.0378	0.0407	0.0436	0.0465	0.0494	42	0.7167	0.7195	0.7222	0.7249	0.7276	0.7303
3	0.0524	0.0553	0.0582	0.0611	0.0640	0.0669	43	0.7330	0.7357	0.7384	0.7411	0.7438	0.7465
4	0.0698	0.0727	0.0756	0.0785	0.0814	0.0843	44	0.7492	0.7519	0.7546	0.7573	0.7600	0.7627
5	0.0872	0.0901	0.0931	0.0960	0.0989	0.1018	45	0.7654	0.7681	0.7707	0.7734	0.7761	0.7788
6	0.1047	0.1076	0.1105	0.1134	0.1163	0.1192	46	0.7815	0.7841	0.7868	0.7895	0.7922	0.7948
7	0.1221	0.1250	0.1279	0.1308	0.1337	0.1366	47	0.7975	0.8002	0.8028	0.8055	0.8082	0.8108
8	0.1395	0.1424	0.1453	0.1482	0.1511	0.1540	48	0.8135	0.8161	0.8188	0.8214	0.8241	0.8267
9	0.1569	0.1598	0.1627	0.1656	0.1685	0.1714	49	0.8294	0.8320	0.8347	0.8373	0.8400	0.8426
10	0.1743	0.1772	0.1801	0.1830	0.1859	0.1888	50	0.8452	0.8479	0.8505	0.8531	0.8558	0.8584
11	0.1917	0.1946	0.1975	0.2004	0.2033	0.2062	51	0.8610	0.8636	0.8663	0.8689	0.8715	0.8741
12	0.2091	0.2119	0.2148	0.2177	0.2206	0.2235	52	0.8767	0.8794	0.8820	0.8846	0.8872	0.8898
13	0.2264	0.2293	0.2322	0.2351	0.2380	0.2409	53	0.8924	0.8950	0.8976	0.9002	0.9028	0.9054
14	0.2437	0.2466	0.2495	0.2524	0.2553	0.2582	54	0.9080	0.9106	0.9132	0.9157	0.9183	0.9209
15	0.2611	0.2639	0.2668	0.2697	0.2726	0.2755	55	0.9235	0.9261	0.9287	0.9312	0.9338	0.9364
16	0.2783	0.2812	0.2841	0.2870	0.2899	0.2927	56	0.9389	0.9415	0.9441	0.9466	0.9492	0.9518
17	0.2956	0.2985	0.3014	0.3042	0.3071	0.3100	57	0.9543	0.9569	0.9594	0.9620	0.9645	0.9671
18	0.3129	0.3157	0.3186	0.3215	0.3244	0.3272	58	0.9696	0.9722	0.9747	0.9772	0.9798	0.9823
19	0.3301	0.3330	0.3358	0.3387	0.3416	0.3444	59	0.9848	0.0874	0.9899	0.9924	0.9950	0.9975
20	0.3473	0.3502	0.3530	0.3559	0.3587	0.3616	60	1.0000	1.0025	1.0050	1.0075	1.0101	1.0126
21	0.3645	0.3673	0.3702	0.3730	0.3759	0.3788	61	1.0151	1.0176	1.0201	1.0226	1.0251	1.0276
22	0.3816	0.3845	0.3873	0.3902	0.3930	0.3959	62	1.0301	1.0326	1.0351	1.0375	1.0400	1.0425
23	0.3987	0.4016	0.4044	0.4073	0.4101	0.4130	63	1.0450	1.0475	1.0500	1.0524	1.0549	1.0574
24	0.4158	0.4187	0.4215	0.4244	0.4272	0.4300	64	1.0598	1.0623	1.0648	1.0672	1.0697	1.0721
25	0.4329	0.4357	0.4386	0.4414	0.4442	0.4471	65	1.0746	1.0771	1.0795	1.0819	1.0844	1.0868
26	0.4499	0.4527	0.4556	0.4584	0.4612	0.4641	66	1.0893	1.0917	1.0942	1.0966	1.0990	1.1014
27	0.4669	0.4697	0.4725	0.4754	0.4782	0.4810	67	1.1039	1.1063	1.1087	1.1111	1.1136	1.1160
28	0.4838	0.4867	0.4895	0.4923	0.4951	0.4979	68	1.1184	1.1208	1.1232	1.1256	1.1280	1.1304
29	0.5008	0.5036	0.5064	0.5092	0.5120	0.5148	69	1.1328	1.1352	1.1376	1.1400	1.1424	1.1448
30	0.5176	0.5204	0.5233	0.5261	0.5289	0.5317	70	1.1472	1.1495	1.1519	1.1543	1.1567	1.1590
31	0.5345	0.5373	0.5401	0.5429	0.5457	0.5485	71	1.1614	1.1638	1.1661	1.1685	1.1709	1.1732
32	0.5513	0.5541	0.5569	0.5597	0.5625	0.5652	72	1.1756	1.1779	1.1803	1.1826	1.1850	1.1873
33	0.5680	0.5708	0.5736	0.5764	0.5792	0.5820	73	1.1896	1.1920	1.1943	1.1966	1.1990	1.2013
34	0.5847	0.5875	0.5903	0.5931	0.5959	0.5986	74	1.2036	1.2060	1.2083	1.2106	1.2129	1.2152
35	0.6014	0.6042	0.6070	0.6097	0.6125	0.6153	75	1.2175	1.2198	1.2221	1.2244	1.2267	1.2290
36	0.6180	0.6208	0.6236	0.6263	0.6291	0.6319	76	1.2313	1.2336	1.2359	1.2382	1.2405	1.2428
37	0.6346	0.6374	0.6401	0.6429	0.6456	0.6484	77	1.2450	1.2473	1.2496	1.2518	1.2541	1.2564
38	0.6511	0.6539	0.6566	0.6594	0.6621	0.6649	78	1.2586	1.2609	1.2632	1.2654	1.2677	1.2699
39	0.6676	0.6704	0.6731	0.6758	0.6786	0.6813	79	1.2722	1.2744	1.2766	1.2789	1.2811	1.2833
°	0'	10'	20'	30'	40'	50'	°	0'	10'	20'	30'	40'	50'

Tabelle II. (Fortsetzung.)

°	0'	10'	20'	30'	40'	50'	°	0'	10'	20'	30'	40'	50'
80	1·2856	1·2878	1·2900	1·2922	1·2945	1·2967	130	1·8126	1·8138	1·8151	1·8163	1·8175	1·8187
81	1·2989	1·3011	1·3033	1·3055	1·3077	1·3099	131	1·8199	1·8211	1·8223	1·8235	1·8247	1·8259
82	1·3121	1·3143	1·3165	1·3187	1·3209	1·3231	132	1·8271	1·8283	1·8294	1·8306	1·8318	1·8330
83	1·3252	1·3274	1·3296	1·3318	1·3339	1·3361	133	1·8341	1·8353	1·8364	1·8376	1·8387	1·8399
84	1·3383	1·3404	1·3426	1·3447	1·3469	1·3490	134	1·8410	1·8421	1·8433	1·8444	1·8455	1·8466
85	1·3512	1·3533	1·3555	1·3576	1·3597	1·3619	135	1·8478	1·8489	1·8500	1·8511	1·8522	1·8533
86	1·3640	1·3661	1·3682	1·3704	1·3725	1·3746	136	1·8544	1·8555	1·8565	1·8576	1·8587	1·8598
87	1·3767	1·3788	1·3809	1·3830	1·3851	1·3872	137	1·8608	1·8619	1·8630	1·8640	1·8651	1·8661
88	1·3893	1·3914	1·3935	1·3956	1·3977	1·3997	138	1·8672	1·8682	1·8692	1·8703	1·8713	1·8723
89	1·4018	1·4039	1·4060	1·4080	1·4101	1·4122	139	1·8733	1·8744	1·8754	1·8764	1·8774	1·8784
90	1·4142	1·4163	1·4183	1·4204	1·4224	1·4245	140	1·8794	1·8804	1·8814	1·8824	1·8833	1·8843
91	1·4265	1·4285	1·4306	1·4326	1·4346	1·4367	141	1·8853	1·8863	1·8872	1·8882	1·8891	1·8901
92	1·4387	1·4407	1·4427	1·4447	1·4467	1·4487	142	1·8910	1·8920	1·8929	1·8939	1·8948	1·8957
93	1·4507	1·4527	1·4547	1·4567	1·4587	1·4607	143	1·8966	1·8976	1·8985	1·8994	1·9003	1·9012
94	1·4627	1·4647	1·4667	1·4686	1·4706	1·4726	144	1·9021	1·9030	1·9039	1·9048	1·9057	1·9066
95	1·4746	1·4765	1·4785	1·4804	1·4824	1·4843	145	1·9074	1·9083	1·9092	1·9100	1·9109	1·9118
96	1·4863	1·4882	1·4902	1·4921	1·4941	1·4960	146	1·9126	1·9135	1·9143	1·9151	1·9160	1·9168
97	1·4979	1·4998	1·5018	1·5037	1·5056	1·5075	147	1·9176	1·9185	1·9193	1·9201	1·9209	1·9217
98	1·5094	1·5113	1·5132	1·5151	1·5170	1·5189	148	1·9225	1·9233	1·9241	1·9249	1·9257	1·9265
99	1·5208	1·5227	1·5246	1·5265	1·5283	1·5302	149	1·9273	1·9280	1·9288	1·9296	1·9303	1·9311
100	1·5321	1·5340	1·5358	1·5377	1·5395	1·5414	150	1·9319	1·9326	1·9333	1·9341	1·9348	1·9356
101	1·5432	1·5451	1·5469	1·5488	1·5506	1·5525	151	1·9363	1·9370	1·9377	1·9385	1·9392	1·9399
102	1·5543	1·5561	1·5579	1·5598	1·5616	1·5634	152	1·9406	1·9413	1·9420	1·9427	1·9434	1·9441
103	1·5652	1·5670	1·5688	1·5706	1·5724	1·5742	153	1·9447	1·9454	1·9461	1·9468	1·9474	1·9481
104	1·5760	1·5778	1·5796	1·5814	1·5832	1·5849	154	1·9487	1·9494	1·9500	1·9507	1·9513	1·9520
105	1·5867	1·5885	1·5902	1·5920	1·5938	1·5955	155	1·9526	1·9532	1·9538	1·9545	1·9551	1·9557
106	1·5973	1·5990	1·6008	1·6025	1·6042	1·6060	156	1·9563	1·9569	1·9575	1·9581	1·9587	1·9593
107	1·6077	1·6094	1·6112	1·6129	1·6146	1·6163	157	1·9598	1·9604	1·9610	1·9616	1·9621	1·9627
108	1·6180	1·6197	1·6214	1·6231	1·6248	1·6265	158	1·9633	1·9638	1·9644	1·9649	1·9654	1·9660
109	1·6282	1·6299	1·6316	1·6333	1·6350	1·6366	159	1·9665	1·9670	1·9676	1·9681	1·9686	1·9691
110	1·6383	1·6400	1·6416	1·6433	1·6450	1·6466	160	1·9696	1·9701	1·9706	1·9711	1·9716	1·9721
111	1·6483	1·6499	1·6515	1·6532	1·6548	1·6564	161	1·9726	1·9730	1·9735	1·9740	1·9745	1·9749
112	1·6581	1·6597	1·6613	1·6629	1·6646	1·6662	162	1·9754	1·9758	1·9763	1·9767	1·9772	1·9776
113	1·6678	1·6694	1·6710	1·6726	1·6742	1·6758	163	1·9780	1·9785	1·9789	1·9793	1·9797	1·9801
114	1·6773	1·6789	1·6805	1·6821	1·6836	1·6852	164	1·9805	1·9809	1·9813	1·9817	1 9821	1·9825
115	1·6868	1·6883	1·6899	1·6915	1·6930	1·6946	165	1·9829	1·9833	1·9836	1·9840	1·9844	1·9847
116	1·6961	1·6976	1·6992	1·7007	1·7022	1·7038	166	1·9851	1·9854	1·9858	1·9861	1·9865	1·9868
117	1·7053	1·7068	1·7083	1·7098	1·7113	1·7128	167	1·9871	1·9875	1·9878	1·9881	1·9884	1·9887
118	1·7143	1·7158	1·7173	1·7188	1·7203	1·7218	168	1·9890	1·9893	1·9896	1·9899	1·9902	1·9905
119	1·7233	1·7247	1·7262	1·7277	1·7291	1·7306	169	1·9908	1·9911	1·9913	1·9916	1·9919	1·9921
120	1·7321	1·7335	1·7350	1·7364	1·7378	1·7393	170	1·9924	1·9926	1·9929	1·9931	1·9934	1·9936
121	1·7407	1·7421	1·7436	1·7450	1·7464	1·7478	171	1·9938	1·9941	1·9943	1·9945	1·9947	1·9949
122	1·7492	1·7506	1·7521	1·7535	1·7549	1·7562	172	1·9951	1·9953	1·9955	1·9957	1·9959	1·9961
123	1·7576	1·7590	1·7604	1·7618	1·7632	1·7645	173	1·9963	1·9964	1·9966	1·9968	1·9969	1·9971
124	1·7659	1·7673	1·7686	1·7700	1·7713	1·7727	174	1·9973	1·9974	1·9976	1·9977	1·9978	1·9980
125	1·7740	1·7754	1·7767	1·7780	1·7794	1·7807	175	1·9981	1·9982	1·9983	1·9985	1·9986	1·9987
126	1·7820	1·7833	1·7846	1·7860	1·7873	1·7886	176	1·9988	1·9989	1·9990	1·9991	1·9992	1·9992
127	1·7899	1·7912	1·7925	1·7937	1·7950	1·7963	177	1·9993	1·9994	1·9995	1·9995	1·9996	1·9996
128	1·7976	1·7989	1·8001	1·8014	1·8027	1·8039	178	1·9997	1·9997	1·9998	1·9998	1·9999	1·9999
129	1·8052	1·8064	1·8077	1·8089	1·8101	1·8114	179	1·9999	1·9999	2·0000	2·0000	1·0000	2·0000
°	0'	10'	20'	30'	40'	50'	°	0'	10'	20'	30'	40'	50'

Soll an eine Gerade O L (Fig. 9) in O der Winkel α (z. B. 25^0 $10'$) getragen werden, so beschreibe ich mit der Einheit, am besten 10 cm, aus O einen Bogen, der O L in A trifft, schlage die zu α gehörige Sehne (s) in der Tabelle auf (s = 0·4357 oder bei unserer Einheit von 10 cm : 4·357 cm), messe s auf dem Massstab ab und schneide damit von A aus auf dem Einheitsbogen ein. So finde ich B. BOA ist der Winkel α.

Will ich aus der Tangente auftragen, so mache ich wieder $OA = 1$ (10 cm), errichte in A eine Senkrechte und trage darauf den Werth der Tangente (t = AC) nach der Tabelle auf. z. B. für 25^0 10' : $t = 0.4699$ oder 4.699 cm. COA ist dann Winkel α.

Will man den Winkel α auf der Zeichnung durch die Sehne ausmessen, so schlägt man mit der Einheit (z. B. 10 cm) aus O den Bogen AB, sticht die Sehne AB = s mit dem Zirkel ab, bestimmt seine Länge auf dem Massstab und sucht den zugehörigen Winkel in der Tabelle der Sehnen auf.

Will man den Winkel durch die Tangente ausmessen, so macht man OA gleich der Einheit, errichtet in A ein Loth auf OA, findet t, misst es aus und sucht den Winkel in der Tabelle der Tangenten.

Welche der beiden Abmessungsarten zu nehmen sei, hängt von den Umständen ab. Kommt es bei einem Winkel auf grosse Exaktheit an, so kann man beide Arten zugleich anwenden, die sich gegenseitig controliren. Im Allgemeinen ist die Methode aus der Sehne bequemer, die aus der Tangente bei vorsichtiger Ausführung exakter, besonders deshalb, weil das Ziehen des Kreises wegfällt, bei dem durch Einstechen der Nadel in das Centrum die Abmessung immer etwas leidet.

Statt des Winkels selbst kann man dessen Supplement oder Complement ausmessen. Ersteres empfiehlt sich bei grossen Winkeln, letzteres, wenn der Winkel sich 90^0 nähert. Kleinere Winkel geben kleinere Fehler für die Sehne, aber besonders für die Tangente.

Unter Umständen kann es vortheilhaft sein, den Winkel an einem anderen Punkt zu construiren, als wo er gebraucht wird. Man kann ihn an eine andere Stelle des bekannten Schenkels anlegen und den neuen Schenkel mit dem Dreieck in seinen rechten Punkt verschieben. Die Verschiebung mit dem Dreieck ist so genau, dass dadurch kein wesentlicher Fehler hereingetragen wird. Ebenso kann man einen Winkel ausmessen, indem man zuvor einen seiner Schenkel parallel verschiebt. Ursache einer solchen Operation kann sein, dass man an dem Ort des Winkels keinen Platz hat, um die Schenkel genügend lang zu machen, dass man den Ort von Constructionslinien freihalten will, dass der Scheitelpunkt des Winkels ausserhalb des Blattes liegt, oder dass man diesen nicht durch Einsetzen des Zirkels zum Ziehen des Kreises verstechen will.

Je grösser man die Einheit nimmt, desto exakter lässt sich der Winkel abmessen, natürlich innerhalb der Grenzen, die die Werkzeuge zulassen. In der Regel sind 10 cm zu nehmen, doch auch wohl 5 oder 20 cm.

Construction eines rechten Winkels. Das Auftragen von rechten Winkeln spielt bei unseren Constructionen eine grosse Rolle. Das gewöhnliche und exakteste Verfahren ist das folgende. Soll auf M N (Fig. 10) in O eine Senkrechte errichtet werden, so trägt man nach beiden Seiten von O das

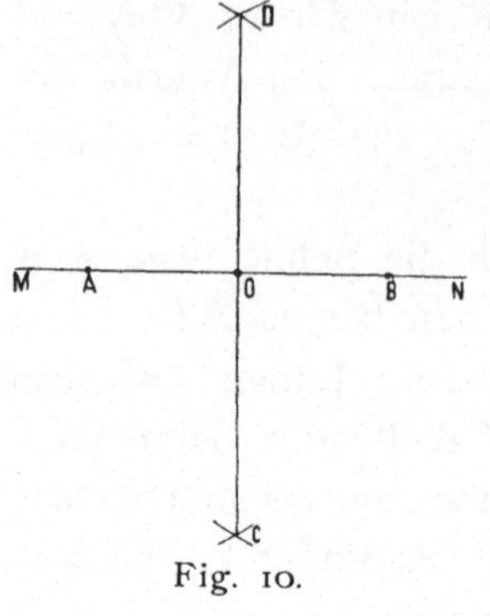

gleiche Stück O A = O B auf und schlägt aus A und B mit beliebigem, aber gleichem Radius Bögen, die sich in C und D schneiden. Nun markirt man die Schnittpunkte C und D durch Nadelstiche und zieht CD aus. Die Gerade muss durch O gehen, was zur Controle dient. Ist in O ein breiter Nadelstich, so dass die Abmessung O A und O B nicht ganz sicher ist, indem die Nadelspitze bei der Abmessung tief eindringt, so ist es besser, die Senkrechte an einer anderen Stelle zu errichten und parallel in O zu verschieben.

Fig. 10.

Die Abmessungen O A = O B und B C = B D sind theoretisch gleichgiltig, doch empfiehlt es sich, sie möglichst gross zu machen, wenn die Senkrechte lang sein soll und so, dass bei C und D keine zu schiefen Schnitte entstehen. So ist es nicht schlecht, B D etwa = A B zu machen.

Auftragen des rechten Winkels mit Hilfe des Dreiecks. Dabei kann man so vorgehen, dass man das Dreieck mit einer Kathede anlegt und an der anderen hinzieht, dann die gezogene Linie nach Bedarf parallel verschiebt nach dem Punkt, den sie passiren soll, oder man legt eine Kathede an die Linie, das Lineal an die Hypothenuse des Dreiecks und verschiebt das Dreieck am Lineal hin, bis die zweite Kathede den Punkt passirt. Die Anwendung des Dreiecks hierzu ist nur dann zulässig, wenn sein Winkel zuverlässig $= 90^0$ ist, doch ist für exakte Ausführung wichtiger Linien die directe Construction vorzuziehen. Ist der rechte Winkel des Dreiecks nicht sehr genau, so kann man trotzdem eine genügend richtige Normale finden, indem man den Winkel anlegt und die Linie auszieht, dann das Dreieck umklappt, so dass dieselbe Kathede anliegt, aber die Spitze nach der anderen Richtung geht. Man erhält dann zwei divergirende Linien, aus denen man eine richtige mittlere Lage finden kann.

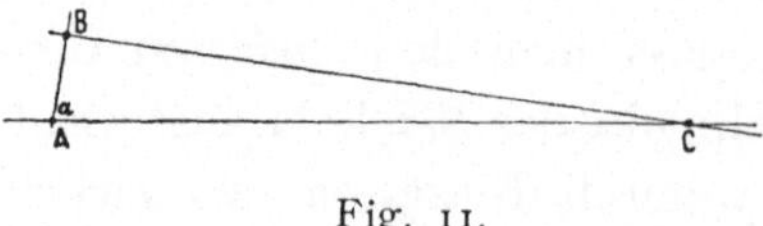

Es kommt vor, dass man auf eine Gerade A B (Fig. 11) in einem Punkt B eine Senkrechte zu errichten hat, die eine andere A C in C schneidet, wobei der Winkel B C A ein sehr spitzer, der Schnitt ein schleppender ist, dass es uns

Fig. 11.

aber gerade darauf ankommt, den genauen Ort von C zu finden. In diesem Fall ist es gut, A C oder B C zu berechnen aus $A C = \dfrac{A B}{\cos \alpha}$ resp. $B C = A B \operatorname{tg} \alpha$ und den berechneten Werth aufzutragen. Dies empfiehlt sich besonders, wenn A B und α genau, etwa durch Rechnung gegebene Werthe sind.

Halbiren eines Winkels. Soll ein Winkel BAC halbirt werden, so schneidet man von A (Fig. 12) mit beliebiger Zirkelöffnung in DE auf beiden Schenkeln ein, schlägt von D und E Bögen von gleichem Radius, die sich in F schneiden, markirt F durch einen Nadelstich und zieht FA, die Halbirungslinie.

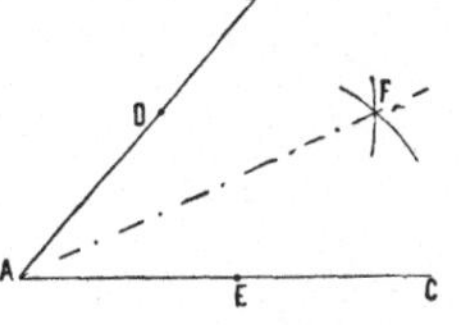

Fig. 12.

Theilung eines Winkels in beliebige Theile. Man schlägt mit der Einheit (z. B. 10 cm) einen Bogen vom Scheitelpunkt aus, bestimmt die Grösse des Winkels durch Abstechen der Sehne, mit Hilfe von Massstab und Tabelle, theilt die Zahl der Grade des Winkels, sucht für die Theilzahl das Mass der Sehne in der Tabelle und kann nun die Winkel als Sehnen auftragen. Die Summe der Theilwinkel muss den ganzen Winkel zusammensetzen.

Verdoppelung und Vervielfachung eines Winkels. Man schlägt um den Scheitel einen Bogen mit beliebigem Radius, trägt die von dem Winkel abgeschnittene Sehne auf dem Bogen mehrfach auf und verbindet den letzten Punkt mit dem Scheitelpunkt.

Ein Punkt U ausserhalb des Papiers sei gegeben durch zwei nach ihm führende Linien. I und II (Fig. 13). Durch einen Punkt E eine nach U führende Gerade zu legen.

Man legt durch E eine beliebige Gerade BD, die I in G, II in F schneidet, dazu eine Parallele HJ weit draussen in der Nähe des Papierrandes und bestimmt den Punkt K, in dem die gesuchte Gerade EU die Gerade JH passirt, auf folgende Weise.

Soll K der Geraden EU angehören, so muss sich verhalten:

$$JK : JH = GE : GF.$$

Um die Länge JK zu finden, macht man GL = JH, legt das Dreieck an FL, verschiebt es parallel nach E und schneidet in M ein. GM ist gleich dem gesuchten JK. Die Linien FL und EM sind nicht auszuziehen, um möglichst wenig Constructionslinien zu haben. Für BD findet sich meist schon eine passende Gerade durch E vor und HJ legt man soweit hinaus, dass die Zeichnung dadurch nicht gestört wird.

Liegt E ausserhalb FG, so ist die Construction die gleiche; nur fällt JK > JH, GM > GL aus.

Graphische Krystallberechnung.

Elementare Aufgaben.

Wir wollen den Aufgaben der graphischen Krystallberechnung eine kurze Charakterisirung der vier Arten substituirender krystallographischer Projection vorausschicken.

Gnomonische Projection. Für jede Fläche wird die Normale aus dem Krystallmittelpunkt M (Fig. 14) substituirt. Alle diese Normalen (Strahlen) durchstechen eine Ebene E, die Projectionsebene. Der Durchstichpunkt F der Flächennormale mit der Projectionsebene ist der Projectionspunkt der Fläche.

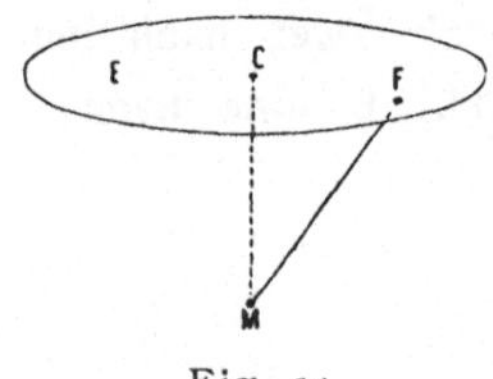

Fig. 14.

Wir betrachten als Grundform eines Krystalls die Combination der drei Pinakoide $0 \cdot 0\infty \cdot \infty 0 = (001)$ (010) (100) und stellen den Krystall in der Weise auf, dass zwei Pinakoide $0\infty \cdot \infty 0 = (010)$ (100) aufrecht stehen und 0∞ direct von vorn nach hinten läuft.

Projectionsebene ist eine Horizontalebene. Sie steht senkrecht zu den beiden aufrechten Pinakoiden.

Jede Zone projicirt sich als Gerade. Die Projectionspunkte verticaler Flächen liegen im Unendlichen; sie bilden zusammen die im Unendlichen gelegene Linie der Prismenzone, die Prismenlinie.

Stereographische Projection. Das Princip der stereographischen Projection ist folgendes:

Wir stellen den Krystall auf wie bei der gnomonischen Projection. Die Pinakoide $0\infty \cdot \infty 0 = (010)$ (100) aufrecht, ihre Kanten vertical und zwar 0∞ (010) von vorn nach hinten laufend. Wir legen dann um den Krystallmittelpunkt eine Kugel und durch denselben eine Horizontalebene, die Projectionsebene und eine Verticalaxe, die den tiefsten Punkt der Kugel in N trifft. Wir substituiren, wie bei der gnomonischen Projection, die Normale aus dem Mittelpunkt für die Fläche. Diese durchsticht die Kugel in einem Punkt F (Fig. 15). An Stelle der Flächen treten nun Punkte F auf der Kugel. Diese Kugelpunkte werden durch Ocularprojection aus N auf E, der Horizontalebene durch den Mittelpunkt M, abgebildet, d. h. von N aus wird ein

Strahl nach F gezogen; der Durchstich f dieses Strahls mit E ist der stereographische Projectionspunkt.

Der Schnitt der Projectionsebene E mit der Kugel ist der Grundkreis. Auf ihm liegen die Projectionspunkte verticaler Flächen.

Dieser Verband zwischen Fläche und Projectionspunkt ist nicht einfach. Doch hat diese Art der Projection eine Eigenschaft, die ihr in manchen Fällen den Vorzug vor anderen Projectionen verschafft, nämlich die, dass alle Kreise auf der Kugel, Grosskreise wie Kleinkreise, sich in stereographischer Projection wieder als Kreise zeigen.

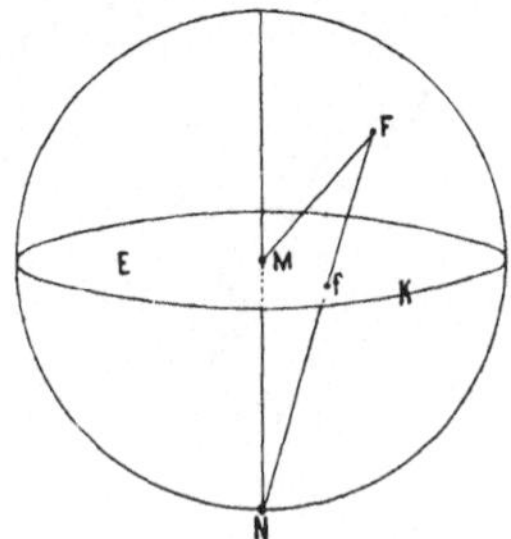

Fig. 15.

Ausserdem hat sie vor der gnomonischen den Vorzug, dass die Prismenpunkte nicht im Unendlichen liegen, sondern auf dem Grundkreis, dass die Projectionspunkte von Fläche und Gegenfläche an verschiedener Stelle erscheinen, während sie in gnomonischer Projection sich decken. Beide Vortheile kommen nicht sowohl der Construction und

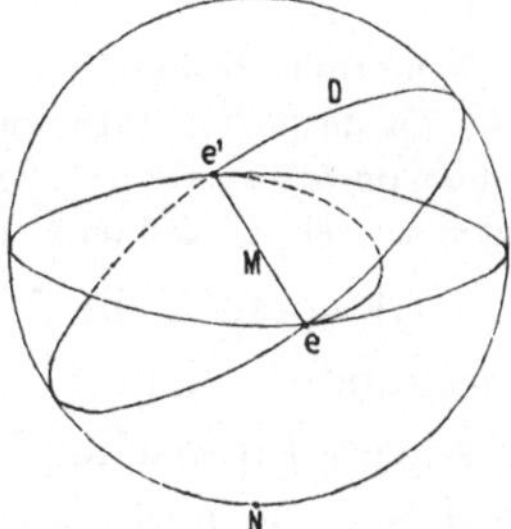

Fig. 16.

graphischen Berechnung als der allgemeinen Orientirung und Vermittelung der Anschauung zu Gute.

Jede Ebene durch den Krystallmittelpunkt M ist Zonenebene. Sie schneidet die Kugel in einem grössten Kreis D (Fig. 16), die Projectionsebene in einem Durchmesser und den Grundkreis in zwei Punkten e e'. Bei der Abbildung in der Projectionsebene durch Ocularprojection aus N ändern e e' ihren Ort nicht; an Stelle von D tritt ein Kreisbogen durch e e'. Projectionslinie einer Zone (Zonenlinie) ist somit ein Kreisbogen durch die Endpunkte eines Durchmessers, des Kreises. Wir sagen, dass er auf einem Durchmesser e e' aufsitzt und nennen auch ihn einen grössten Kreis, obwohl es im Projectionsbild grössere Kreise giebt. Er ist nur die Abbildung eines grössten Kreises der Kugel.

Punkte innerhalb des Grundkreises entsprechen Flächen der oberen Krystallhälfte, Punkte ausserhalb des Grundkreises Flächen der unteren Krystallhälfte. Im Unendlichen liegt nur die Abbildung des Augenpunktes N.

Euthygraphische Projection. Das Princip der euthygraphischen Projection ist folgendes: Jede Fläche F (Fig. 17) wird parallel mit sich selbst in den Krystallmittelpunkt M geschoben. Ihr Durchschnitt f mit einer festen Ebene E der Projectionsebene ist eine Gerade, die Projectionslinie der Fläche oder die Flächenlinie. Je zwei Flächen F und G bilden eine Kante K, welche zugleich die Axe der durch F und G definirten Zone ist. Werden die zwei Flächen F und G nach M verschoben, so rückt auch K nach M. Der Durchstich k der nach M verschobenen Kante K mit E ist der Projectionspunkt der Kante. Er ist der Schnittpunkt der Flächenlinien f und g.

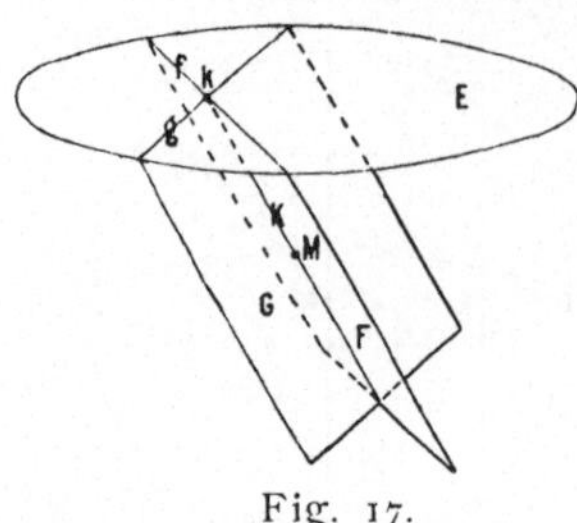

Fig. 17.

Wir stellen den Krystall 'so auf, dass das obere Pinakoid, die Basis, o = (001) horizontal liegt und nehmen sie zur Projectionsebene.

Anmerkung. Quenstedt hat eine Art der Projection entwickelt, die viel Anwendung gefunden hat und nach ihm benannt zu werden pflegt. Sie ist fast identisch mit unserer euthygraphischen Projection und unterscheidet sich von ihr nur dadurch, dass bei Quenstedt der Punkt, in den alle Flächen geschoben werden, über der Projectionsebene liegt, bei uns unter derselben. Die Consequenzen dieses nicht bedeutenden Unterschiedes für Bild und Rechnung sind immerhin so beträchtlich, dass eine Verwechselung beider wesentliche Fehler brächte. Es schien deshalb nöthig, zur scharfen Trennung den Namen Quenstedt'sche Projection nur für die von Quenstedt gegebene specielle Modification festzuhalten, der unsrigen den neuen Namen zu geben. Näheres über das Verhältniss der beiden findet sich S. 53—57.

Cyklographische Projection. Das Princip der cyklographischen Projection ist folgendes: Um den Mittelpunkt M (Fig. 16) legt man ebenso, wie bei der stereographischen Projection, eine Kugel und durch denselben eine Horizontalebene E und eine Verticalaxe, welche die Kugel in ihrem tiefsten Punkt N trifft. Man verschiebt nun die zu projicirende Fläche parallel mit sich selbst in M. Ihre Trace mit der Kugel ist ein grösster Kreis derselben. Eine Kante, ebenfalls nach M verschoben, giebt mit der Kugel einen Durchstichpunkt. Die so entstandenen Punkte und Kreise bildet man durch Ocularprojection aus N auf E ab, genau so wie bei der stereographischen Projection.

Die Aufstellung des Krystalls ist dieselbe, wie bei der euthygraphischen Projection. Projectionsebene ist die Basis o = (001).

Aufgaben der Krystallberechnung. Unter Krystallberechnung könnten wir verstehen den Inbegriff aller Berechnungen, die sich auf Krystalle beziehen, welcher Art diese Berechnungen auch sein mögen und wir könnten danach unterscheiden zwischen Berechnung der Formen, Berechnung der optischen Verhältnisse u. s. w. Gewöhnlich verstehen wir unter Krystallberechnung nur die Berechnung der gesetzmässigen Formen. In diesem Sinn wollen wir auch hier das Wort Krystallberechnung anwenden. Die dabei vorkommenden Aufgaben bestehen, abgesehen von Ausgleichsrechnungen zur Abgleichung oder Ausscheidung von Fehlern, in nichts weiter als in

1. der Berechnung der Elemente und Symbole aus der Messung von Flächen- und Kantenwinkeln,

2. der Berechnung von Flächen- und Kantenwinkeln aus gegebenen Elementen und Symbolen,

3. der Berechnung von Winkeln aus anderen bekannten Winkeln,

    4. der Berechnung von Symbolen aus anderen bekannten Symbolen.

Hierzu treten bei Zwillingen und Viellingen noch

    5. die Aufsuchung des Zwillingsgesetzes auf Grund bekannter Symbole und Winkel,

    6. die Aufsuchung der Winkelbeziehungen zwischen den Individuen in Zwillingsstellung auf Grund des bekannten Zwillingsgesetzes, sowie bekannter Elemente und Symbole.

Stets gehen wir aus von gewissen Winkeln und Längenmassen und finden als Resultat wieder Winkel und Längenmasse.

Die **Graphische Krystallberechnung** will obige Aufgaben graphisch d. h. durch Construction lösen. Das ist nur möglich mit Hilfe der Projection, da durch sie sich die auf den Krystall bezüglichen Daten in einer Ebene darstellen und wir nur in einer solchen construiren und messen können. Welche der vier Arten der Projection zu nehmen sei, hängt ab von der Natur der zu lösenden Aufgabe. In der Regel gestalten sich Aufgaben über Flächenwinkel einfacher in der Polarprojection, solche über ebene Winkel einfacher in der Linearprojection. Die geradlinigen Projectionen beherrschen fast ausschliesslich das Gebiet der graphischen Berechnung, die kreislinigen treten nur in einigen speciellen Fällen ein. Dagegen werden sie oft werthvoll zur Orientirung, besonders über die Lage der Verticalflächen (Prismen) zu den anderen Flächen. Es ist deshalb in vielen Fällen gut, neben der geradlinigen Projection die zugehörige kreislinige, wenigstens als Handskizze, zu führen, also neben dem gnomonischen Bild, in dem wir construiren und messen, eine stereographische Skizze, neben dem euthygraphischen Bild eine cyklographische. Die Eintragungen in die Kreisbilder brauchen dann nur schematisch zu sein, können womöglich aus freier Hand gemacht werden, während das Bild, in dem wir messen, mit voller Exaktheit nach genauen Massen ausgeführt werden muss.

Die constructive Behandlung der euthygraphischen Projection ist genau dieselbe, wie die der gnomonischen. Beide unterscheiden sich nur durch die verschiedene Bedeutung der eingetragenen Linien und Punkte. In der gnomonischen Projection bedeutet ein Punkt eine Fläche, in der linearen eine Kante. Suche ich also in ersterer den Winkelabstand zweier Punkte, so ist das der Winkel zwischen den beiden durch sie vertretenen Flächen, in letzterer ist es der Winkel der zwei durch die Punkte dargestellten Kanten.

Die stereographische Projection findet sich eingehend behandelt bei R e u s c h (Die stereographische Projection. Leipzig 1881), B r e z i n a (Methodik der Krystallberechnung 1884, 156) u. A. Wir können von dem dort angegebenen hier nur wenig gebrauchen, da wir die stereographische Projection weder direct aus den Elementen und Symbolen aufbauen, noch selbständig mit ihr graphische Berechnungen machen. Wenden wir die stereographische Projection an, so leiten wir ihr Bild aus dem gnomonischen ab, welches der einfachste und exakteste Weg ist und gehen von diesem wieder zurück in das gnomonische Bild. Wir haben deshalb für die stereographische Projection nur die wenigen Aufgaben zu suchen, in denen sie einen Vorzug hat und ausserdem ihre Beziehungen zur gnomonischen, sowie die Mittel der Umwandlung einer in die andere. Genau so ist das Verhältniss zwischen euthygraphischer und cyklographischer Projection.

Wir haben also eingehend nur die gnomonische Projection zu behandeln, denn das für sie Gefundene gilt unmittelbar auch für die euthygraphische. Ausserdem brauchen wir weniges aus der stereographischen Projection, was wieder unmittelbar für die cyklographische gilt und endlich haben wir aufzusuchen die Beziehungen der vier Projectionsarten unter sich und die Mittel der Ueberführung der einen in die andere.

Bei jeder Art der Projection haben wir uns ihren innern Aufbau stets gegenwärtig zu halten, da er die Anschauung vermittelt und in den Stand setzt, da, wo für einen speciellen Fall die gelöste Aufgabe nicht vorliegt, sich zu helfen und eine Lösung selber zu finden. Auch ermöglicht die Kenntniss dieses innern Aufbaues d. h. der Beziehung zwischen Projectionspunkt und Linie zum Krystallmittelpunkt, sowie zu der Lage der abgebildeten Flächen und Kanten im Raum, die Verknüpfung von Construction und Rechnung, so dass man jederzeit von der Construction zur Rechnung übergehen kann und umgekehrt. Es ist unter Umständen vortheilhaft, zwischen die Construction ein Stück Rechnung einzufügen oder zur Controle der Rechnung ein Stück zu construiren, zur Controle der Construction ein Stück zu rechnen. Man muss sich volle Freiheit bewahren, alle Mittel, über die man verfügt, gemischt anzuwenden, da wo man jedes am besten brauchen kann.

Wir werden im Folgenden fast ausschliesslich den allgemeinen Fall behandeln, der sich deckt mit dem Fall des triklinen Systems. Die Vereinfachungen und Controlen durch Symmetrie, welche die anderen Systeme mit sich bringen, ergeben sich daraus von selbst.

Aufgaben.

Gnomonische Projection.

Wir wollen die in der Einleitung zum Index der Krystallformen abgeleitete Beziehung zwischen Symbolen und Projection, sowie die Ableitung und Bedeutung der Elemente als bekannt voraussetzen, (diese Ausführung würde ja nur eine Wiederholung dessen sein, was dort gegeben ist) und wollen uns die nähere Kenntniss dieser Projection verschaffen durch die Lösung der folgenden Aufgaben.

1. Aufgabe. Gegeben: Die Elemente der Polar-Projection $p_0 \, q_0 \, \nu \, x_0 \, y_0 \, h \, (d\delta)$.[1]
Zu zeichnen: Die Grundlinien der gnomonischen Projection.

Wir gehen von einem Punkt C (Fig. 18) etwa in der Mitte des Blattes aus; dieser bezeichnet die Stelle senkrecht über dem Mittelpunkt des Krystalls. Er heisst der Scheitelpunkt. Um C beschreiben wir mit h, der Höhe der Projectionsebene über dem Krystall-Mittelpunkt, einen Kreis K, den Grundkreis.

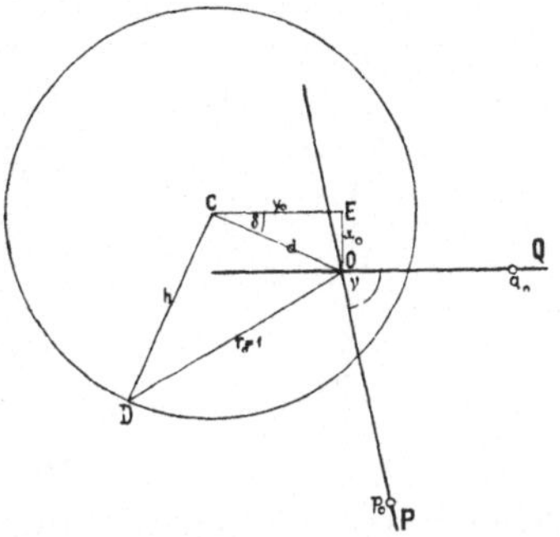

Von C aus tragen wir $CE = y_0$ von links nach rechts auf und darauf senkrecht $EO = x_0$. Hier wie überall + nach vorn und rechts, — nach hinten und links gezählt.

O ist der Nullpunkt oder Coordinaten-Anfang. Durch ihn legen wir die zwei Axen der Projection P und Q und zwar Q parallel CE, P dazu unter dem Winkel ν. CO ist $= d$, $ECO = \delta$, welche Werthe ebenfalls (als Hilfswerthe) unter den Elementen auftreten. Durch d und δ kann man, ebenso wie aus $x_0 \, y_0$, die Lage von O gegenüber C finden.

Fig. 18.

O ist der Projectionspunkt der Fläche o (oo1), der Austrittspunkt des auf dieser Fläche (Basis) senkrechten Strahls aus dem Krystallmittelpunkt M, welcher Punkt M senkrecht unter C liegt. In unserer Figur befindet sich O rechts vorn von C; danach fällt die schiefe Basis nach vorn und rechts ab.

Klappen wir die von C nach unten zum Krystallmittelpunkt M führende Höhenlinie CM herauf in die Projectionsebene, indem wir um CO als Charnier drehen, so kommt M nach D auf den Rand des Grundkreises, wobei $OCD = 90^0$. $OD = OM$ ist gleich dem Abstand des Nullpunktes O vom Krystall-mittelpunkt M. Dies ist unsere Längeneinheit $r_0 = 1$. Auf den Axen P und Q werden die Längen-Einheiten p_0 und q_0 aufgetragen.

Für spätere Constructionen brauchen wir $x_0 \, y_0 \, d\delta$ nicht mehr. Sie dienten nur dazu den Ort von O gegenüber C festzulegen; h ist durch den Grundkreis gegeben, r_0 braucht in der Figur ebenfalls nicht aufzutreten.

Wir haben in dieser nur noch die Axen mit ihrem Schnittpunkt O und ihren Einheiten $p_0 \, q_0$, daneben den Scheitelpunkt C mit dem Grundkreis. Diese zusammen wollen wir als Grundlinien der Projection bezeichnen. Sie bilden die Unterlage aller unserer Constructionen.

Bei allen nun folgenden Aufgaben setzen wir voraus, dass die Elemente des Krystalls gegeben sind und wir die Grundlinien des Projectionsbildes eingezeichnet haben.

---

[1] Im Index der Krystallformen finden sich die Elemente der Projection für jedes Mineral ausgerechnet. Wo sich die Daten nicht dem Index entnehmen lassen, muss ihre Berechnung in der dort (l. 78—82 angegebenen Weise geschehen.

2. Aufgabe. Gegeben: Das Symbol pq einer Fläche.
Gesucht: Der Projectionspunkt D der Fläche.

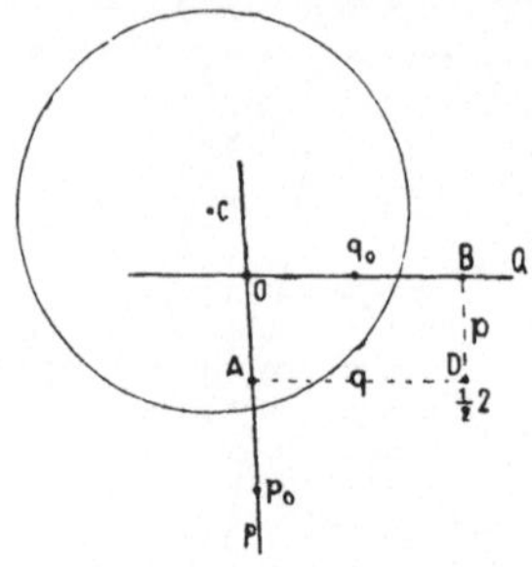

Fig. 19.

Wir tragen in Fig. 19 von O ausgehend in der Richtung der P-Axe p mal die Einheit p_0, also $pp_0 = OA$ auf, gehen von A ∥ OQ herüber um das q fache von q_0. So kommen wir nach D, dem gesuchten Projectionspunkt. Wir könnten ebensogut zuerst auf OQ fortgehen, um das q fache von q_0 nach B und darauf von B ∥ OA um das p fache von p_0 und würden in denselben Punkt D gelangen.

pp_0 und qq_0 sind die Coordinaten des Flächenpunktes. Da aber in der Richtung P stets mit der Einheit p_0, in der Richtung Q stets mit q_0 gemessen wird, so tritt in dem wirklichen Mass der Coordinaten stets der Faktor p_0 resp. q_0 auf. Wir schreiben ihn deshalb nicht und nennen die Länge $OA = BD$ einfach p statt pp_0; $OB = AD$ einfach q statt qq_0.

Wir sagen in unserem Beispiel (Fig. 19) der Flächenpunkt D habe die Coordinaten $\frac{1}{2}$ und 2, während diese faktisch $= \frac{1}{2} p_0$ und $2 q_0$ sind.

3. Specialfälle. Obiges Bild gehört speciell dem triklinen System an. Die anderen Systeme bilden hierzu Specialfälle. In den Systemen mit horizontaler Basis, also verticaler R Axe, d. h. im regulären, tetragonalen, rhombischen und hexagonalen System fällt O mit C zusammen, der Scheitelpunkt ist Nullpunkt. Ist $\nu = 90^0$ d. h., gehört der Krystall zum regulären, tetragonalen, rhombischen oder monoklinen System, so steht die P Axe senkrecht auf der Q-Axe und wir haben rechtwinklige Coordinaten. Im monoklinen System liegt ausser O auch C auf der P-Axe, welche das Bild symmetrisch theilt. Die Figg. 20—25 geben ein Bild von der Eintragung der Formen für die verschiedenen Systeme und von der Eintheilung des Projectionsfeldes. Das Nähere hierüber vgl. Index. 1. 25—36.

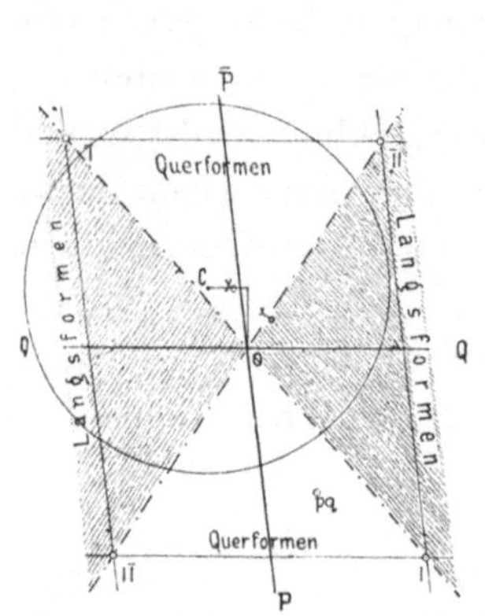

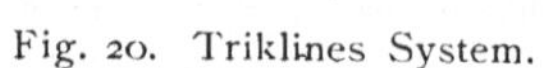

Fig. 20. Triklines System.

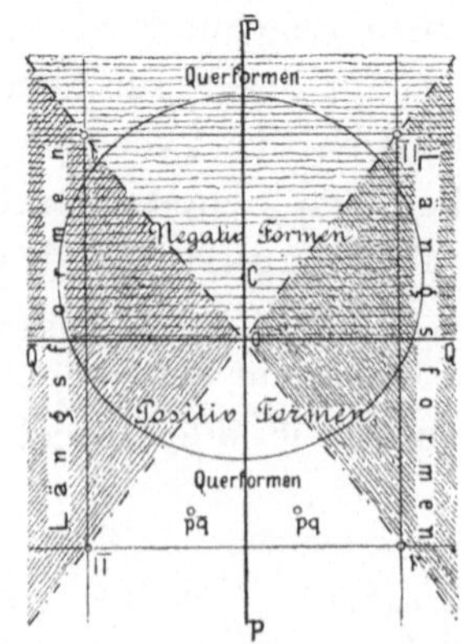

Fig. 21. Monoklines System.

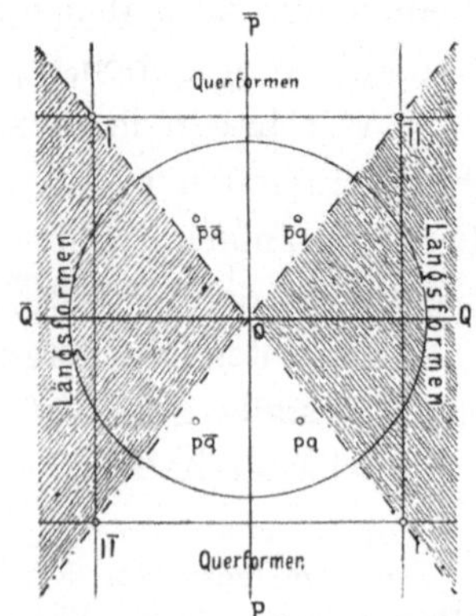

Fig. 22. Rhombisches System.

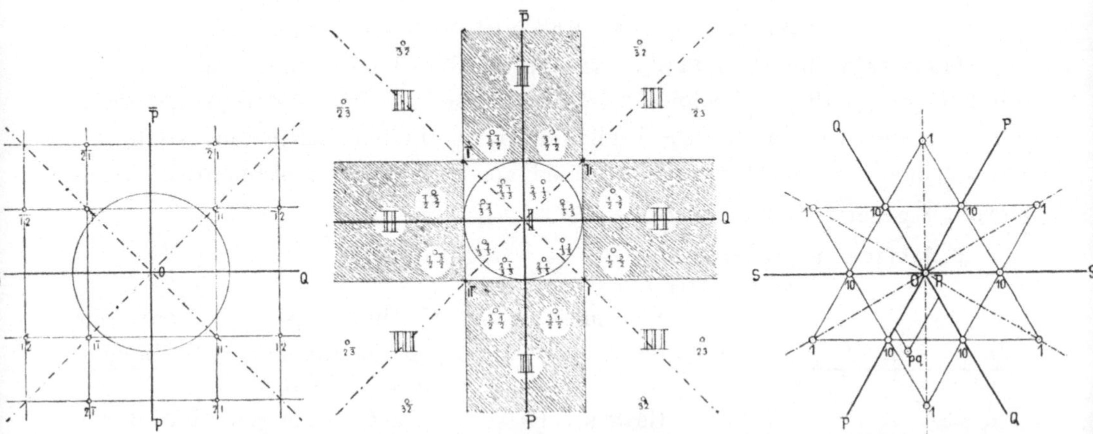

Fig. 23. Tetragonales System.   Fig. 24. Reguläres System.   Fig. 25. Hexagonales System.

Im rhombischen System theilen die P- und die Q-Axe das Feld symmetrisch, im tetragonalen System ist $p_0 = q_0$, im regulären System $p_0 = q_0 = h = 1$. Im hexagonalen System ist ebenfalls $p_0 = q_0$, aber die Coordinaten-Axen schneiden sich unter 60^0.

Betrachten wir Fläche und Gegenfläche, die eine gemeinsame Normale haben und deren Projectionspunkte sich decken, als eins, und verstehen wir unter Gesammtform den Inbegriff der Flächen, welche nach den Symmetrieverhältnissen des Krystalls mit einer Fläche gleichzeitig auftreten, so hat im triklinen System jede Form (Gesammtform) nur ein paralleles Flächenpaar und nur einen Projectionspunkt. In den übrigen Systemen ist das anders. Bei ihnen bringt, ausser den Pinakoiden, jedes Flächenpaar eins oder mehrere andere mit sich. Jede Form zerfällt dann in mehrere Einzelflächen, von denen jede ihr besonderes Symbol hat (vgl. Symbole der Einzelflächen Index S. 25 ff.). Das Symbol der Einzelfläche enthält die Coordinaten des Flächenpunktes; durch sie finden wir dessen Ort. Durch Eintragen der Punkte aller Einzelflächen erhalten wir das Projectionsbild der Gesammtform. Da wir in unseren allgemein gehaltenen Aufgaben stets das Beispiel des triklinen Systems nehmen, so handeln wir also nicht von Gesammtformen, sondern nur von einzelnen Flächen, mögen in deren Begleitung andere auftreten oder nicht.

4. Aufgabe. **Gegeben:** Ein polares Zonen-Symbol $\{\, pq \,\}$.
Zu construiren: Die Zonenlinie.

Man trägt auf P und Q (Fig. 26) die Werthe (Parameter p und q des Symbols in ihren Einheiten p_0 und q_0 (was wir von jetzt an nicht mehr besonders erwähnen) von O aus auf $= OA$ und OB, so dass also $OQ = p$, $OB = q$ ist (eigentlich $= p\,p_0$ resp. $q\,q_0$), so ist die Gerade durch A und B die Zonenlinie.

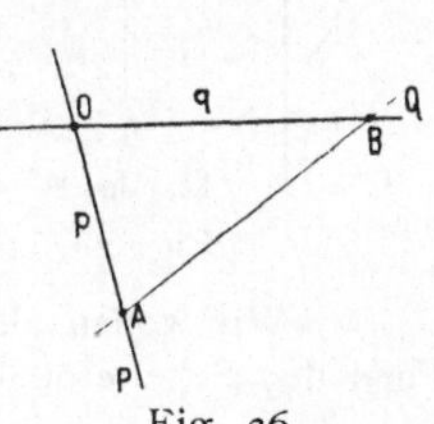

Fig. 26.

5. Aufgabe. Gegeben: Das Symbol zweier Punkte $p_1 q_1$ und $p_2 q_2$ einer Zone.
Gesucht: Die Zonenlinie und ihr Symbol $\{pq\}$.

Man trägt die zwei Punkte aus ihren Coordinaten auf. Eine Gerade durch beide ist die Zonenlinie. Die Abschnitte auf den beiden Axen (Parameter), gemessen durch ihre Einheiten $p_0 q_0$, bilden zusammengestellt das Zonensymbol. Es wird zum Unterschied von anderen in geschlungene Klammern $\{\ \}$ gesetzt (Index S. 30).

6. Aufgabe. Gegeben: Eine Zone im Projectionsbild.
Gesucht: Die Zonengleichung.

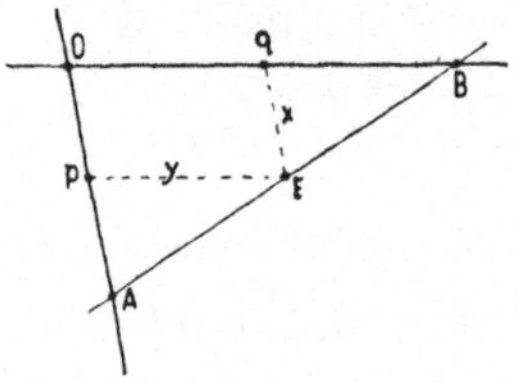

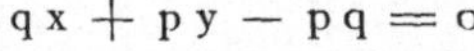

Wir messen die Abschnitte pq der Zonenlinie auf den Axen P und Q, so ist die Zonengleichung

$$q x + p y - p q = 0$$

Beweis. Es seien die Coordinaten eines beliebigen Punktes E (Fig. 27) der Zonenlinie x und y, so verhält sich, wegen der Aehnlichkeit der Dreiecke:

$$x : p = (q - y) : q$$
$$q x = p q - p y$$
$$\text{oder} \quad q x + p y - p q = 0 \text{ wie oben.}$$

Fig. 27.

7. Aufgabe. Gegeben: Zwei Punkte im Bild.
Gesucht: Das Symbol und die Gleichung der durch die zwei Punkte fixirten Zone.

Man zieht durch die zwei Punkte die Zonenlinie, die Abschnitte geben das Symbol und nach Aufgabe **6** auch die Zonengleichung.

8. Aufgabe. Gegeben: Zwei Zonen durch ihr Symbol oder durch die Symbole von je zwei in ihnen gelegenen Flächen.
Gesucht: Das Symbol der beiden Zonen gemeinsamen Fläche.

Man zieht die beiden Zonenlinien, die gemeinsame Fläche liegt in dem Schnittpunkt der beiden. Das Symbol der Fläche ist gegeben durch die Coordinaten des Flächenpunktes.

9. Aufgabe. Gegeben: Ein Flächenpunkt A.
Gesucht: Seine Polare Z und sein Pol N.

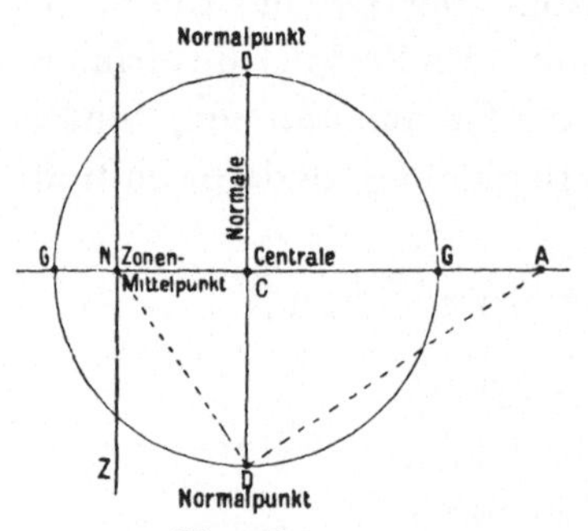

Fig. 28.

Unter der **Polaren** eines Flächenpunktes A verstehen wir den Ort aller Punkte, die von A einen Winkelabstand von 90^0 haben. Die Flächen dieser Punkte bilden eine Zone und stehen alle senkrecht auf der Fläche A. A heisst der **Pol** der Linie Z.

Construction: Man zieht die Centrale A C und die Normale D D und macht A D N = 90^0. N ist der Pol, die Parallele mit D D durch N die Polare Z.

Wir wollen allgemein als **Centrale** bezeichnen die Linie durch einen gegebenen Punkt und den Scheitelpunkt C, den Mittelpunkt des Grundkreises; als **Normale** die Senkrechte auf

AC in C. Sie schneiden den Grundkreis in DD. Wir wollen ferner die Punkte DD **Normalpunkte** nennen.

CN steht senkrecht auf der Zonenlinie Z. Durch N wird die Linie Z in zwei symmetrische Hälften getheilt in sofern, als Punkte derselben, die im Projectionsbild von N nach beiden Seiten gleichen Längenabstand haben, auch um den gleichen Winkel von N abstehen. Wir wollen wegen dieser mittleren Lage N als den **Zonenmittelpunkt** (richtiger Mittelpunkt der Zonenlinie) bezeichnen.

Centrale, Normale, Zonenmittelpunkt und die Normalpunkte spielen eine wichtige Rolle in unseren Constructionen.

Beweis. Der Beweis ergiebt sich aus der Anschauung des innern Aufbaues der Projection (Fig. 29).

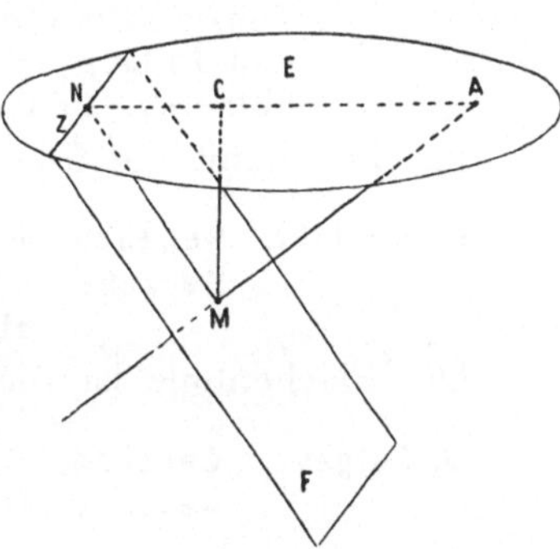

Fig. 29.

Es ist immer gut, oft nöthig, sich diesen inneren Aufbau, das innere Gerüst der Projection gegenwärtig zu halten. Sind wir in der Lage, zum Zweck der Demonstration ein Bild von diesem inneren Aufbau zu machen, so bezeichnen wir dies als **räumliches** oder **perspectivisches Projectionsbild** (vgl. Index S. 102).

Es ist in Fig. 29 M der Mittelpunkt des Krystalls, E die Projectionsebene; MA der Strahl des Flächenpunktes A; die Fläche F ist senkrecht zu MA. Sie ist zugleich die zu A gehörige Fläche selbst und der Ort aller Strahlen, die auf MA senkrecht stehen. Die Trace Z von F mit der Projectionsebene ist also zugleich die Linear-Projection von F in E und die Polare von A. Da alle Strahlen aus M, die auf MA senkrecht stehen, in F liegen, so liegen deren Austrittspunkte, die alle von A um 90° abstehen, auf Z.

In Fig. 28 haben wir das Bild in der Ebene E. Das Dreieck NMA aus Fig. 29 wird in die Ebene E hinaufgeklappt in Fig. 28 zu NDA.

Ausführung der Construction. Man errichtet die Normale, indem man aus den Durchgangspunkten GG der Centrale mit dem Kreis nach oben und unten Bogen schlägt. An deren Kreuzungspunkt legt man das Lineal an (es muss auch C berühren) und markirt die Normalpunkte DD, legt das Dreieck mit dem rechten Winkel in D mit einer Kathede an A und markirt den Schnittpunkt N der andern Kathede mit der Centralen. Dann klappt man um, legt in D' den rechten Winkel an und findet N von der andern Seite her. Der Schnitt DN und D'N muss auf der Centralen liegen. Ist der rechte Winkel des Dreiecks gut, so ist die Genauigkeit dieser Construction genügend. Man legt dann das Dreieck an DD' an und zieht Z mit DD' parallel durch N aus.

10. Aufgabe. Gegeben: Eine gnomonische Zonenlinie Z.
Gesucht: Ihr Pol A.

Man zieht durch den Scheitelpunkt C (Fig. 28) eine Senkrechte auf Z (Centrale); sie trifft Z im Zonenmittelpunkt N. Ausserdem zieht man die

Normale DD', macht $NDA = 90^0$, so ist A der Pol von N wie oben (Aufg. **9**) und zugleich der Pol der Zonenlinie Z.

In **9** und **10** ist nun bereits die wichtigste Beziehung zwischen gnomonischer und euthygraphischer Projection ausgesprochen, nämlich:

11. Satz. Wird Linear- und Polarprojection eines Krystalls bei unveränderter Aufstellung in dieselbe Ebene vorgenommen, so ist die Flächenlinie die Polare des Flächenpunktes, ebenso ist die Zonenlinie die Polare des Kanten- (Zonen-) Punktes. Linear- und Polarprojection stehen auch im Projectionsbild im Verhältniss der Polarität und Gegenseitigkeit.

Es sind damit die folgenden Aufgaben gelöst.

12. Aufgabe. Gegeben: Ein gnomonischer Flächenpunkt.
Gesucht: Die lineare Flächenlinie in derselben Projectionsebene.

Die Flächenlinie ist die Polare des Flächenpunktes.

13. Aufgabe. Gegeben: Eine gnomonische Zonenlinie.
Gesucht: Der lineare Kantenpunkt (Zonenpunkt) in derselben Projectionsebene.

Der Kantenpunkt ist der Pol der Zonenlinie.

Umkehrung. Ebenso findet sich rückwärts der Flächenpunkt als Pol der Flächenlinie, die Zonenlinie als Polare des Zonenpunktes.

Die natürliche Projectionsebene der Polarprojection ist bei geneigten Axen, d. h. im monoklinen und triklinen System, nicht identisch mit der der Linearprojection. Erstere ist die Ebene senkrecht zu den Prismenkanten, letztere die Basis. Die natürliche Projectionsebene ist diejenige, in welcher die Coordinaten des Flächen- resp. Kantenpunktes direct das Symbol geben. Haben wir nicht Symbole, sondern nur Winkel auszumessen, so ist die Wahl der Projectionsebene oft gleichgiltig. In solchen Fällen ist es öfters angezeigt, mit Linear- und Polarprojection in derselben Ebene zu operiren.

Die Höhe über dem Krystallmittelpunkt, d. i. der Radius des Grundkreises, ist für beide Projectionsebenen, die lineare und die polare gleich, nämlich $h = k$. (Beweis s. Index S. 19.) Im regulären, tetragonalen, rhombischen und hexagonalen System fallen beide Projectionsebenen zusammen, ebenso im monoklinen System, wenn wir auf die Symmetrieebene projiciren; im regulären, tetragonalen und rhombischen System auch die Richtungen der Axen. Im hexagonalen System bilden die linearen Axen einen sechsstrahligen Stern, der gegen den polaren um 90° (30°) gedreht ist.

Durch Aufsuchen der Pole und Polaren kann man jedes gnomonische Bild in das entsprechende lineare verwandeln. Soll dann noch die Projectionsebene geändert werden, so kann dies durch Drehung und Umwälzung geschehen (vgl. **73—77**).

Gehen mehrere Zonenlinien durch einen Punkt, so nennen wir diese zusammen ein **Zonenbündel.** Parallele Zonenlinien bilden ebenfalls ein Bündel; ihr gemeinsamer Punkt liegt im Unendlichen, er ist ein Prismenpunkt. Den gemeinsamen Punkt nennen wir den Mittelpunkt des Zonenbündels, er entspricht der Fläche, die allen diesen Zonen zugleich angehört. Die Polare vom Mittelpunkt des Zonenbündels können wir als Polare des Bündels bezeichnen.

14. Satz. Die Pole aller Linien eines Bündels liegen auf der Polaren desselben. Der Pol einer einzelnen Linie Z_1 des Bündels liegt auf dem Schnitt der zu Z_1 gehörigen Centrale mit der Polaren.

Ausführung. Sei A (Fig. 30) der Mittelpunkt eines Bündels, N sein Pol, L seine Polare, die Polare des Bündels, Z_1 eine Linie des Bündels, CA_1 stehe senkrecht auf Z_1, so dass A_1 der Mittelpunkt von Z_1 ist. N_1 sei der Pol von Z_1, so wird behauptet, dass N_1 auf L liege.

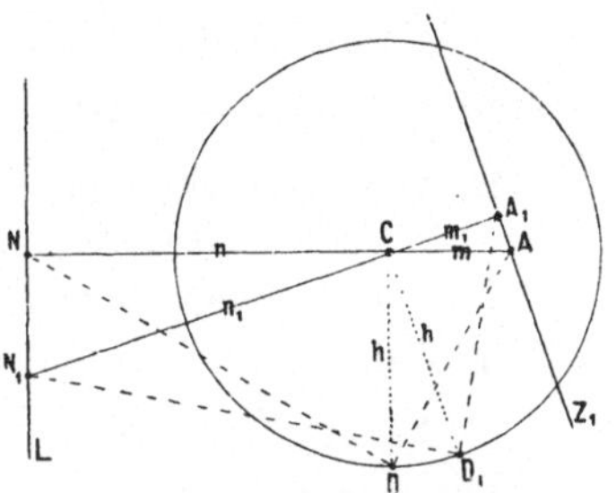

Fig. 30.

Beweis. Soll N_1 auf L liegen, so müssen die Dreiecke $N_1 N C$ und $A A_1 C$ ähnlich sein, da der Winkel bei C und der rechte Winkel bei N resp. A_1 in beiden gleich sind. Diese Dreiecke sind aber ähnlich, wenn sich verhält:

$$AC : CN_1 = A_1 C : CN \text{ oder } m : n_1 = m_1 : n$$

oder wenn:
$$mn = m_1 n_1$$

Nun finden wir N (nach Aufg. 9), indem wir in C die Normale $CD = h$ errichten und $DN \perp DA$ machen. Ebenso finden wir N_1, indem wir $CD_1 \perp A_1 C$; $D_1 N_1 \perp A_1 D_1$ machen.

Es sind nun in dem rechtwinkligen Dreieck ADN m und n die Abschnitte der Höhenlinie h auf der Hypothenuse und somit:

$$m n = h^2$$

Es ist aber auch in Dreieck $A_1 D_1 N_1$

$$m_1 n_1 = h^2$$

Also:
$$m n = m_1 n_1$$

Danach ist die Bedingung erfüllt, welche die Dreiecke $N_1 N C$ und $A A_1 C$ ähnlich macht und es liegt, wie unser Satz verlangt, N_1 auf L.

15. Satz. Die Polaren aller Punkte einer Zonenlinie bilden ein Bündel durch den Pol der Zonenlinie.

Dieser Satz ist die Umkehrung des vorhergehenden; sein Beweis ist derselbe.

16. Aufgabe. **Gegeben:** In einer Zonenlinie Z ein Punkt A_1 und dessen Polare L_1. (Fig. 31.)

Gesucht: Der Pol der Zone Z.

Man zieht durch den Scheitelpunkt C eine Senkrechte auf Z, welche L_1 in N trifft, so ist N der gesuchte Pol von Z.

17. Aufgabe. **Gegeben:** Eine Zonenlinie Z und ihr Pol N. (Fig. 31.)

Gesucht: Die Polare L_1 eines Punktes A_1 auf Z.

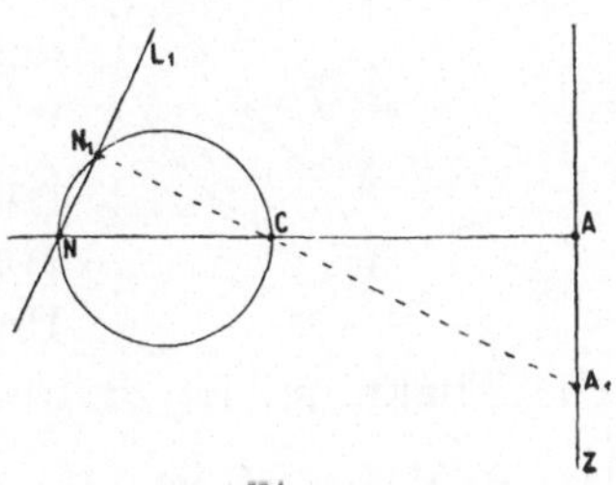

Fig. 31.

Man zieht $A_1 C$. Die Senkrechte auf $A_1 C$ aus N ist die gesuchte Polare L_1.

Diese Aufgabe ist die Umkehrung der vorhergehenden. Der Beweis für beide liegt in Satz **14**. Eine zweite Auflösung siehe **20**.

18. Satz. Bewegt sich ein Punkt A_1 auf einer Geraden Z fort, so wandert sein Pol N_1 auf einem Kreis hin. Ist N der Pol von Z, so hat der Kreis NC zum Durchmesser. (Fig. 31.)

Der Beweis folgt unmittelbar aus dem Vorhergehenden. Auf diesem Verhalten beruht Ditscheiners Kreisprojection (vgl. S. 6).

19. Aufgabe. Gegeben: Eine Zone Z und ihr Pol N. (Fig. 31.)
Gesucht: Der Pol eines Punktes A_1 auf Z.

Man legt einen Kreis durch NC als Durchmesser. Der Schnitt N_1 von A_1 C mit diesem Kreis ist der gesuchte Pol.

20. Zusatz. (Zweite Auflösung von **17**.)

Die Polare von A_1 ist die Gerade $NN_1 = L_1$. Diese Polare NN_1 ist die euthygraphische Projection von A_1.

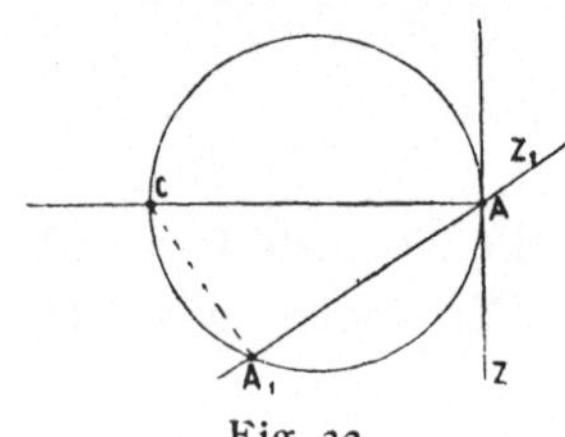

Fig. 32.

21. Satz. Die Mittelpunkte A_1 .... der Linien eines Bündels durch den Punkt A bilden einen Kreis mit dem Durchmesser AC. (Fig. 32.)

Beweis. CA_1 steht senkrecht auf A_1A als Winkel im Halbkreis.

Dieser Satz ist bereits in **18** enthalten, da N_1 der Mittelpunkt von L_1 ist.

Beziehungen der stereographischen Projection zur gnomonischen.

Wir nehmen als Grundkreis für die stereographische Projection den Grundkreis der gnomonischen um C mit dem Radius h.

22. Aufgabe. Gegeben: Ein gnomonischer Punkt A. (Fig. 33.)
Gesucht: Der entsprechende stereographische Punkt A'.

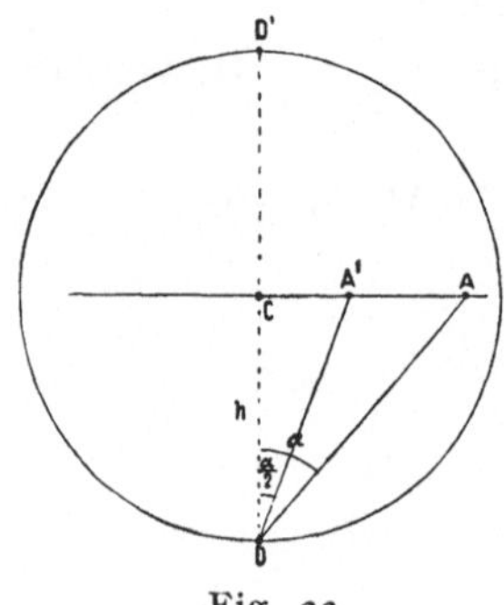

Fig. 33.

Auflösung. Man ziehe die Centrale CA, dazu senkrecht die Normale DD', halbire den Winkel $CDA = \alpha$. Die Halbirungslinie schneide CA in A', so ist A' der gesuchte stereographische Punkt. Zur Controle kann man auch CD'A halbiren und muss denselben Punkt A' finden.

Beweis. Es sei (Fig. 34) M der Mittelpunkt des Krystalls, G die gnomonische Projectionsebene im Abstand h über M, C der Scheitelpunkt, A unser Projectionspunkt. $CMA = \alpha$, A' der stereographische Punkt, so ist zu beweisen, dass A' auf der Centralen CA liegt und dass $A'MC = \dfrac{\alpha}{2}$ ist.

Wir legen um M eine Kugel vom Radius h, die also von G in C tangirt wird, parallel mit G durch M eine Ebene S, die Projectionsebene der stereographischen Projection. Sie schneidet die Kugel in dem Grundkreis vom Radius h. Wir ziehen den Strahl MA, der die Kugel in F trifft, aus dem Ocularpunkt O den Strahl OF, der S in A_0 durchbohrt, so ist A_0 der stereographische Projectionspunkt, der A entspricht. Es liegen $OMCAFA_0$ in einer Ebene.

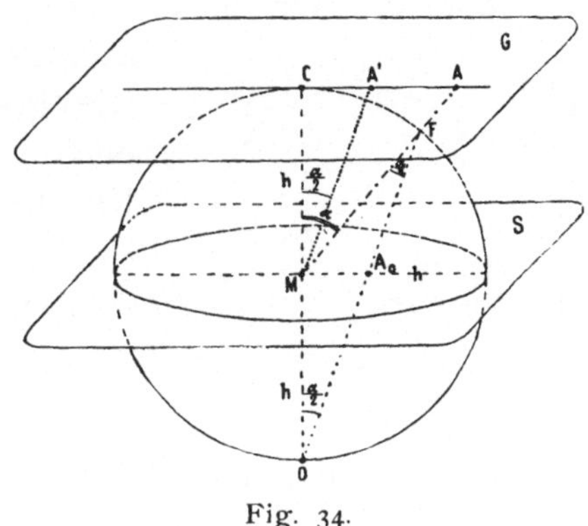

Fig. 34.

Ist nun $CMA = \alpha$, so ist $MFO = MOF = \dfrac{\alpha}{2}$.

Lassen wir nun beide Projectionsebenen G und S zusammenfallen, in der Weise, dass wir S parallel hinaufrücken, so fällt M mit C zusammen, C rückt nach M, der Grundkreis mit dem Radius h legt sich um C als Centrum und A_0 gelangt nach A', so dass $CMA' = \dfrac{\alpha}{2}$, wie oben behauptet.

23. Specialfall. Gegeben: Ein Prismenpunkt A. (Fig. 35.)
Gesucht: Der zugehörige stereographische Punkt A'.

Auflösung. Ist CA die nach A führende Centrale, so ist A' deren Schnittpunkt mit dem Grundkreis.

Beweis. Alle Prismenpunkte liegen in stereographischer Projection auf dem Grundkreis; gnomonischer und stereographischer Punkt liegen auf derselben Centrale, also liegt A' auf dem Schnittpunkt beider.

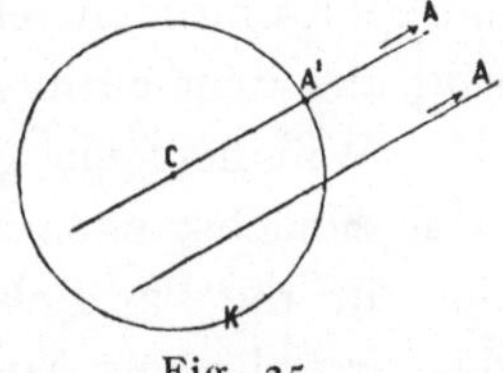

Fig. 35.

Anmerkung. Geht die nach dem Prismenpunkt A führende Richtungslinie nicht durch C, so ist sie, um A' zu finden, parallel nach C zu verschieben; das erst ist die nach A führende Centrale, auf deren Schnitt mit dem Grundkreis K A' liegt.

24. Aufgabe. Gegeben: Ein stereographischer Punkt A'. (Fig. 33.)
Gesucht: Der entsprechende gnomonische Punkt A.

Auflösung. Man zieht die Centrale A'C, die Normale DD' und macht $\angle A'DA = A'DC$. Zur Controle macht man noch $A'D'A = A'D'C$ und muss zu demselben Punkt A gelangen.

Diese Aufgabe ist die Umkehrung von **22**.

25. Aufgabe. Gegeben: Eine gnomonische Zonenlinie.
Gesucht: Der entsprechende stereographische Zonenkreis.

Auflösung. Sei Z (Fig. 36) die Zonenlinie, so zieht man die Centrale $CA \perp Z$, die Normale DD', den Pol N (nach Aufg. **9**), setzt in N ein und schlägt den Bogen Z' durch DD'. Z' ist der gesuchte Zonenkreis.

Anmerkung. Sieht man von der Gegenfläche ab, was man gewöhnlich thut, so zieht man den Zonenkreis nur innerhalb des Grundkreises aus.

Beweis. Wir finden die stereographischen Prismenpunkte der Zone nach **23**, indem wir Z parallel nach C verschieben. Die gesuchten Prismenpunkte sind die Normalpunkte DD'. Sie gehören dem Zonenkreis an. Um diesen festzulegen, brauchen wir noch einen Punkt desselben. Wir nehmen den A entsprechenden, A', den Zonenmittelpunkt; dieser liegt auf CA, so dass, wenn $CDA = \alpha$, $CDA' = \frac{\alpha}{2}$ ist.

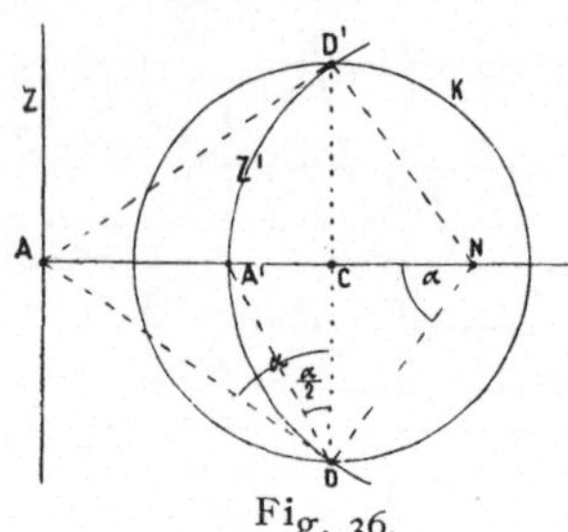

Fig. 36.

Wir passiren aber den Punkt A', indem wir den Bogen aus N durch DD' schlagen. Wir beweisen dies, indem wir zeigen, dass, wenn $ND = NA'$ ist, $CDA' = \frac{\alpha}{2}$ wird.

Es ist aber: $AND = \alpha$, also $NDA' = NA'D = \frac{180 - \alpha}{2} = 90 - \frac{\alpha}{2}$,

daher, weil $NDA = 90^0$, $A'DA = \frac{\alpha}{2}$, oder auch $A'DC = \frac{\alpha}{2}$, was wir beweisen wollten.

26. Ableitung des stereographischen und des cyklographischen Bildes.

Die Beziehung **25** giebt die bequemste Art der Ableitung des stereographischen Bildes aus dem gnomonischen und die beste Construction des stereographischen Bildes überhaupt. Genau so leitet sich das cyklographische Bild aus dem euthygraphischen her.

Will man ein ganzes Bild übertragen, so geht man zonenweise vor und zwar zunächst nach Parallelzonen. Wesentlich vereinfacht sich die Construction für die Parallelzonen in allen Systemen mit rechtwinkligen Axen und das sind alle mit Ausnahme des triklinen Systems, denn auch im hexagonalen System geben die Zwischenaxen die rechten Winkel. Noch eine weitere Vereinfachung tritt ein, wenn die P- und Q-Axe durch C gehen und nach mehreren Seiten Symmetrie herrscht. Dann sind für alle Parallelzonen DD' und A bereits in der Zeichnung gegeben. Man hat nur noch das Dreieck mit dem rechten Winkel an D, mit einer Kathede an A anzulegen und mit der andern N einzuschneiden. Man controlirt durch Umklappen nach D', schneidet N von der anderen Seite ein und beseitigt, wenn nöthig, den Fehler. Eine weitere Controle besteht darin, dass $ND = ND'$ sein muss. Das findet nicht statt, wenn DD' nicht $\parallel$ Z oder CA nicht $\perp$ Z ist. Die mögliche Exaktheit der Ausführung ist sehr gross.

27. Specialfall. Gegeben: Eine Radialzone.
Gesucht: Der entsprechende Zonenkreis.

Der Zonenkreis wird hier ebenfalls zur Geraden und deckt sich mit der gnomonischen Zonenlinie.

Beweis. Geht unter Beibehaltung der Buchstaben der Fig. 36 Z durch

C, so wird $\alpha = 0$, $\frac{\alpha}{2} = 0$; A und A' fallen beide in C. Ein Kreis durch DCD' ist aber eine Gerade; sein Radius ist unendlich.

28. Prismenzone.

Je dichter Z an C heranrückt, desto mehr wächst der Radius ND. Rückt Z ab, so nähert sich N dem C, liegt Z im Unendlichen, d. h. haben wir die Prismenzone, so fällt N mit C zusammen. Der Kreis durch DD' aus C ist der Grundkreis; er entspricht der Prismenzone, wie wir bereits wussten.

29. Aufgabe. Gegeben: Ein gnomonischer Punkt A.
Gesucht: Der entsprechende sterographische Punkt A.

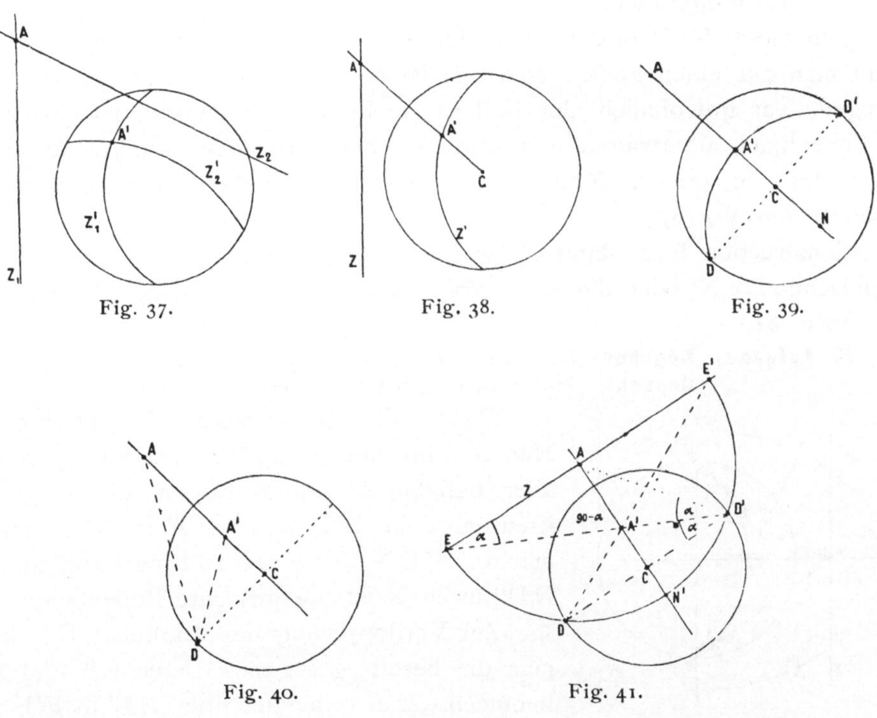

Fig. 37.   Fig. 38.   Fig. 39.

Fig. 40.   Fig. 41.

Auflösung. Hierfür haben wir fünf verschiedene Auflösungen:

A. A liegt im Schnitt zweier Geraden $Z_1 Z_2$ (was man, wenn es noch nicht ist, stets machen kann), denen die Bögen Z'_1 und Z'_2 entsprechen, so liegt A' auf dem Kreuz von Z'_1 und Z'_2. (Fig. 37.)

B. A liegt auf der Zonenlinie Z, der der Bogen Z' entspricht. (Fig. 38.) A' liegt alsdann auf dem Schnitt von Z' mit der Centralen AC.

C. Man zieht die Centrale AC (Fig. 39); sucht die Normalpunkte DD' (CD $\perp$ AC), den Pol N (ADN = AD'N = 90^0) und macht NA' = ND = ND' durch Einsetzen mit dem Zirkel in N und Schlagen des Bogens durch D und D'.

D. Man zieht die Centrale A C und die Normale C D (Fig. 40) und halbirt den Winkel C D A. (Schon oben Aufgabe **25** gegeben.)

E. Man zieht die Centrale A C und die Normale mit den Normalpunkten D D', in A die Senkrechte Z auf A C || D D', macht A N' auf A C, A E und A E' auf $Z = AD = AD'$, zieht E D' und E'D. Beide kreuzen sich in A', welches auf A C liegen muss. (Fig. 41.)

Beweis. Es ist in dem gleichschenkligen Dreieck E A D' der $\angle\, AD'E = AED' = \alpha$; ausserdem ist $C D'E = D'EE'$ (als Wechselwinkel zwischen Parallelen) $= \alpha$. Damit ist der Beweis auf **25** zurückgebracht.

Jede dieser fünf Constructionen kann nach Umständen vorgezogen werden. Sucht man nur einen Punkt, so ist meist **C**, **D** oder **E** zu wählen, will man dagegen, was gewöhnlich der Fall ist, nicht nur die Punkte, sondern auch die Zonenlinien übertragen und sind es überhaupt viele Punkte, zwischen denen stets ein reicher Zonenverband besteht, so haben die Constructionen **A** und **B** den Vorzug.

Construction **E** ist dann die geeignetste, wenn man zugleich den stereographischen Pol N' oder die stereographische Polare L' braucht. (Ueber diese vgl. Aufg. **31**.)

30. Aufgabe. Gegeben: Der stereographische Zonenkreis Z'.
Gesucht: Die entsprechende gnomonische Linie Z.

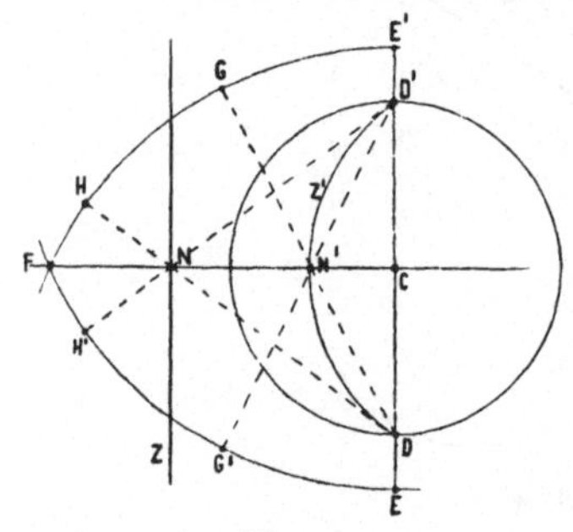

Fig. 42.

Z' schneidet den Grundkreis in D D' (Fig. 42). Man schlägt von D und D' aus mit gleichem, aber beliebigem Radius Bögen, die sich in F kreuzen, zieht F C, welches Z' in N' schneidet, macht $\angle\, C D N = 2\, C D N'$. Eine Parallele mit D D' durch N ist die gesuchte Zonenlinie.

Zur Verdoppelung des Winkels C D N kann man die bereits gezogenen Bögen E F und E'F benutzen. Man schneidet über D N' in E'F ein, findet G, macht $G H = G E'$ und zieht H D, welches C F in N schneidet. Zur Controle kann man noch $\angle\, C D'N'$ verdoppeln, wobei man denselben Punkt N findet.

Der Uebergang von der stereographischen Projection zur gnomonischen ist nicht so exakt, als der umgekehrte, er kommt auch selten zur Anwendung.

31. Aufgabe. Gegeben: Eine gnomonische Zonenlinie Z mit dem Mittelpunkt A.
Gesucht: Ihr stereographischer Pol N' und die stereographische Polare L' von A.

Man zieht die Centrale A C (Fig. 43) und die Normale D D' und schlägt von A den Bogen L' durch D D'. Er ist die gesuchte Polare, sein Schnitt N' mit A C der gesuchte Pol.

Beweis. A hat den Pol N, die Polare L. Die stereographische Polare von A ist der der gnomonischen Polaren L entsprechende Bogen L'. Diesen finden wir aber, indem wir aus dem Pol A von L den Bogen durch DD' schlagen. Nach **25.**

Die stereographische Polare von N ist umgekehrt der Bogen Z' aus N durch DD', mit dem Schnitt A' durch AC. A' ist der stereographische Pol von L.

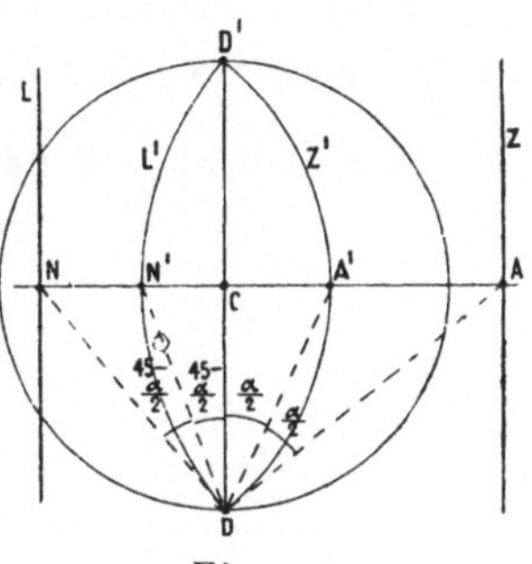

Fig. 43.

32. Aufgabe. Gegeben: Zwei Flächenpunkte A_1 und A_2 einer Zone Z.
Gesucht: Der Winkel zwischen beiden.

Auflösung. Alle Winkel zwischen Punkten einer gnomonischen Zonenlinie Z werden direct gemessen aus demselben Punkt N', dem **Winkelpunkt** der Zone. Der Winkelpunkt einer gnomonischen Zonenlinie Z ist deren stereographischer Pol. Er wird folgendermassen gefunden. Man sucht den Zonenmittelpunkt A, indem man aus C die Senkrechte auf Z fällt (Centrale), die Normale DD' zieht und den Bogen aus A durch DD' schlägt. (Vgl. Aufg. **31.**)

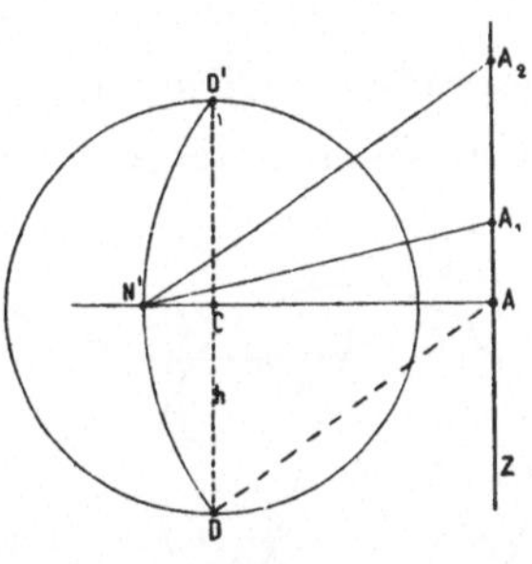

Fig. 44.

$A_1 N' A_2$ ist der gesuchte Winkel zwischen A_1 und A_2. Für alle Punkte von Z gilt dieselbe Art der Ausmessung. So ist $A_2 N' A$ der Winkel zwischen A_2 und A.

$A_1 A_2$ resp. $A_1 N' A_2$ ist der Winkel, den die zwei Strahlen aus dem Krystallmittelpunkt nach $A_1 A_2$ einschliessen, also auch der innere Winkel der in $A_1 A_2$ durch Projection abgebildeten Flächen.

Beweis. Es sei Fig. 45 das perspektivische Bild der Projection, so sind MA, MA_1, MA_2 die Strahlen aus M, senkrecht auf die Flächen $A A_1 A_2$, also $A_1 M A_2$ der zu messende Winkel. Wollen wir ihn ausmessen, so klappen wir die Ebene $A_1 M A_2$, in der er liegt um Z als Charnier hinauf in die Projectionsebene. $A A_1 A_2$ behalten ihren Ort, AM fällt in die Richtung AC und M gelangt nach N', wenn $AN' = AM$ ist.

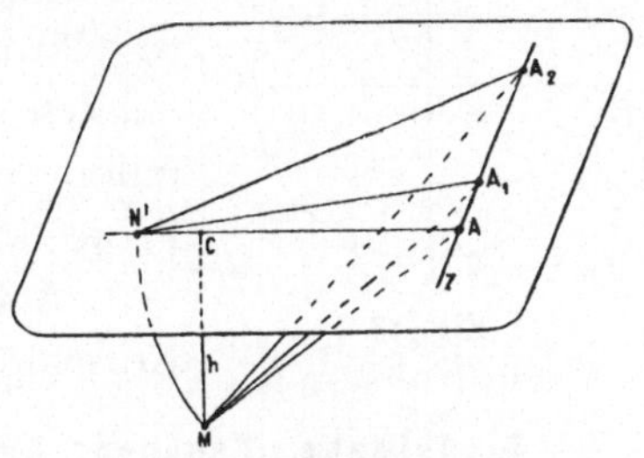

Fig. 45.

Vergleichen wir nun Fig. 44 mit Fig. 45, so ist $AD = AM$; $AN' = AD = AM$, also auch in Fig. 44. $AN'A_1$ das richtig heraufgeklappte Bild der Zonenebene. N' ist an Stelle von M getreten und man kann von dort aus die Winkel der Strahlen dieser Zonenebene in der Projectionsebene direct ausmessen, wie in der Zonenebene selbst.

Diese einfache Art der Winkelausmessung ist für die graphischen Rechnungen von der grössten Wichtigkeit.

Specialfälle. 33. Aufgabe. Den Winkel zwischen zwei Prismenpunkten zu bestimmen.

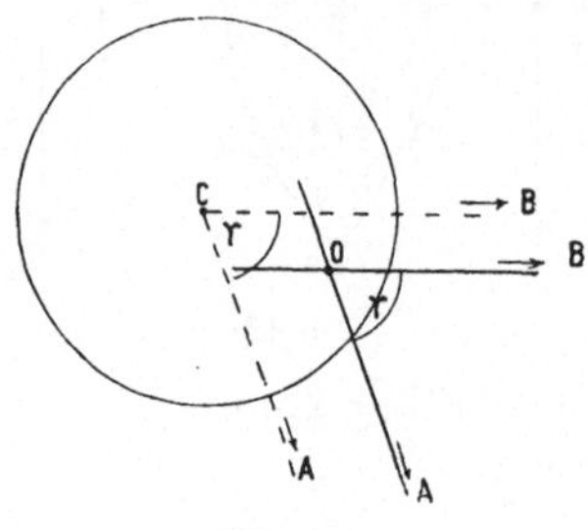

Fig. 46.

Die zwei Prismenpunkte A und B (Fig. 46) seien gegeben durch ihre Richtungslinien (O — A, O — B). Der Winkel γ zwischen den zwei Richtungslinien ist direct der gesuchte.

Beweis. Der Winkelpunkt für die Prismenzone liegt in C. Wir finden aber allgemein den Winkel zwischen zwei Flächenpunkten eingeschlossen zwischen den vom Winkelpunkt (hier C) nach den Flächenpunkten (hier A und B) führenden Geraden. Diese aber sind parallel O — A resp. O — B, da A und B im Unendlichen liegen. Somit sind die Winkel bei C und bei O gleich.

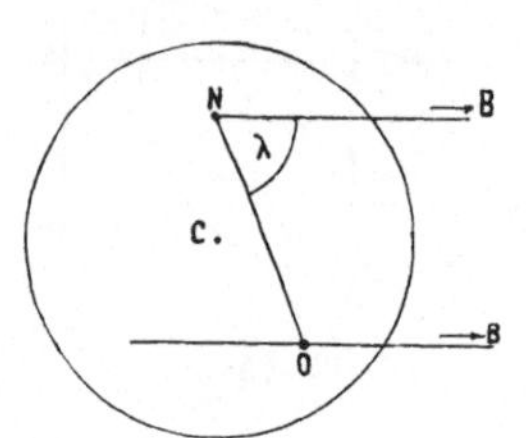

Fig. 47.

34. Aufgabe. Gegeben: Ein gnomonischer Flächenpunkt O und ein Prismenpunkt B. (Fig. 47.)

Gesucht: Der Winkel zwischen beiden.

Man sucht den Winkelpunkt N der Zonenlinie OB nach **32**, zieht NO und N — B ∥ OB, so ist ON — B $= \lambda$ der gesuchte Winkel.

Beispiel. O sei der Coordinaten-Anfang des gnomonischen Bildes, der Projectionspunkt der Basis o = (001); B gehöre dem Pinakoid o∞ (010) an, so ist ON — B der Elementarwinkel λ.

35. Aufgabe. Gesucht: Der Winkelpunkt einer Centralzone Z. (Fig. 48.)

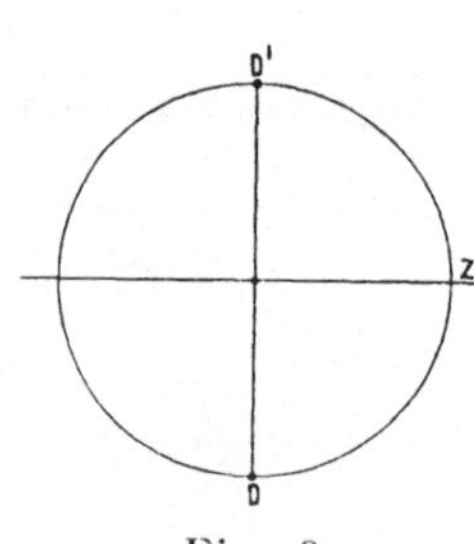

Fig. 48.

Centralzone sei eine solche, deren Linie durch den Scheitelpunkt C geht, im Gegensatz zur Radialzone, deren Linie durch den Coordinatenanfang O geht. Im regulären, tetragonalen, rhombischen, hexagonalen System decken sich beide Begriffe, indem C und O zusammenfallen, ebenso beim monoklinen System im Fall der Projection auf die Symmetrieebene.

Auflösung. Der gesuchte Winkelpunkt fällt in den Normalpunkt D oder D'.

36. Aufgabe. Gegeben: Zwei gnomonische Zonenlinien.

Gesucht: Der Winkel der beiden Zonenebenen. Er ist identisch mit dem Winkel der zwei Zonenaxen.

A. I. Construction. Man construirt die Pole der zwei Zonen, sie sind die Projectionspunkte der beiden Zonenebenen, und misst den Winkel zwischen diesen beiden Punkten nach **32**. Da zwei Zonenebenen einen spitzen und

einen stumpfen Winkel mit einander bilden, die gegenseitig Supplemente
sind, so muss nachträglich festgestellt werden, welcher
von beiden gemeint sei.

Ausführung. Die Pole $N_1 N_2$ (Fig. 49) der
beiden Zonenlinien $Z_1 Z_2$ liegen nach Satz **14** auf
der Polaren L des Schnittpunktes A von $Z_1 Z_2$.
Wir suchen L auf und finden N_1 und N_2 als Schnittpunkte der Centralen $A_1 C$ resp. $A_2 C$ senkrecht zu
Z_1 resp. Z_2 mit L.

Der Winkelpunkt der Zone L, also auch der
für $N_1 N_2$, ist der zu A gehörige stereographische
Punkt A', $N_1 A' N_2$ ist der gesuchte Winkel α.

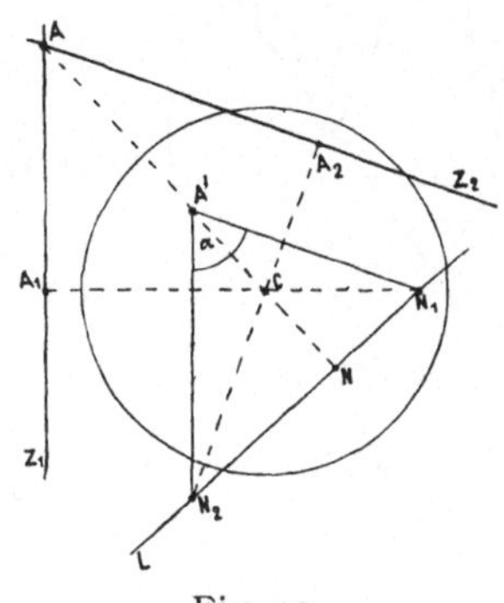

Fig. 49.

B. 2. Construction. Man sucht für die Zonenlinien $Z_1 Z_2$ (Fig. 50) die
Mittelpunkte $A_1 A_2$, so dass $CA_1 \perp Z_1$; $CA_2 \perp Z_2$.
Der Winkel zwischen A_1 und A_2, den man nach
Aufg. **32** ausmisst, ist der gesuchte Winkel.

Beweis. Sei Fig. 51 das perspectivische Bild
der Projection, so ist, wenn $CA_1 \perp Z_1$, $CA_2 \perp Z_2$
auch $MA_1 \perp Z_1$; $MA_2 \perp Z_2$. Somit ist $A_1 M A_2$ der
gesuchte Winkel α.

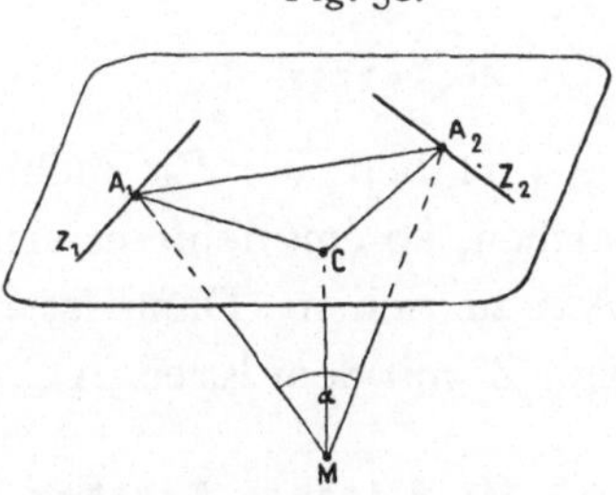

Fig. 50.

Es ist aber A_1 der Projectionspunkt des
Strahles MA; A_2 von MA_2. Diese Strahlen
brauchen nicht gerade Flächennormalen zu sein.

Wir messen den Winkel zwischen A_1 und
A_2 indem wir um $A_1 A_2$ als Charnier M in
die Projectionsebene hinaufklappen; also ganz
nach **32**.

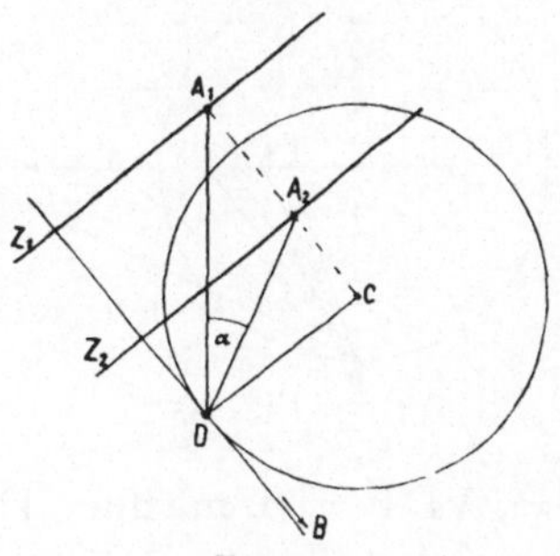

Fig. 51.

Specialfälle. 37. Aufgabe. Gegeben: Zwei parallele gnomonische Zonenlinien $Z_1 Z_2$ (Fig. 52).
Gesucht: Der Winkel α zwischen beiden.

Auflösung. Wir ziehen die beiden gemeinsame Centrale $A_1 A_2 C$ und die Normale CD
($\parallel Z_1$ und Z_2), so ist $A_1 D A_2$ der gesuchte Winkel α.

38. Aufgabe. Gegeben: Eine Zonengerade Z_1.
Gesucht: Ihr Winkel mit der Prismenzone.

Wir ziehen wie oben **(37)** $A_1 D$ (Fig. 52) und
aus D eine Parallele D ⟶ B mit CA_1, so ist
A_1 D ⟶ B der gesuchte Winkel.

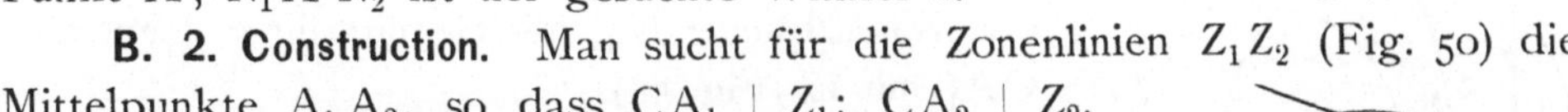

Fig. 52.

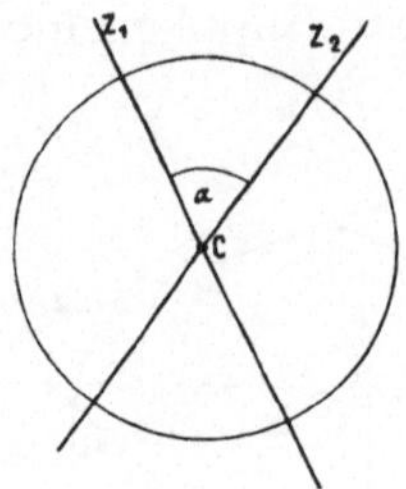

Fig. 53.

39. Aufgabe. Gegeben: Zwei Centralzonenlinien $Z_1 Z_2$.
Gesucht: Der Winkel α zwischen beiden.

Der im Projectionsbild zwischen Z_1 und Z_2 bei C auf-
tretende Winkel ist der Zonenwinkel α selbst.

Zusatz. Der Winkel zwischen einer Centralen und
der Prismenzone ist $= 90^0$.

40. Satz. Der Ort der Winkelpunkte (stereographischen Pole) eines
Bündels durch A ist L', die stereographische Polare von A.

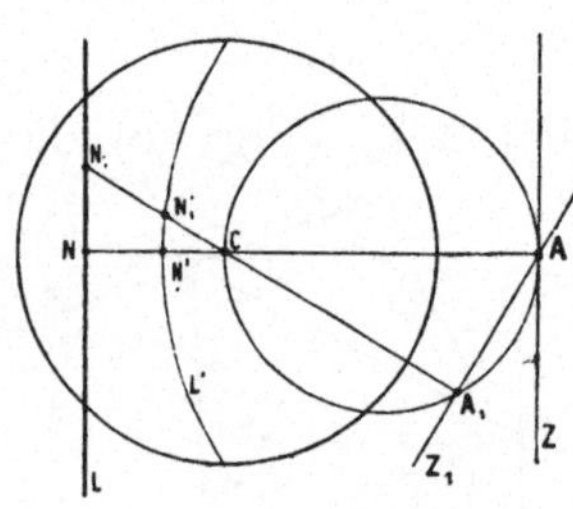

Fig. 54.

Für eine Zonenlinie Z_1 des Bündels findet man
den Winkelpunkt N'_1, als Schnitt ihrer Centralen
CA_1 mit L' (Fig. 54).

Beweis. Unser Beweis ist geführt, wenn nachgewiesen ist, dass N'_1 der stereographische Pol von
Z_1 ist. Ziehen wir die Polare L zu A, so liegt der
gnomonische Pol von Z_1 auf dem Schnitt von AC
mit L (nach Satz **14**). Es liegt aber nach **29 B**, der
zu N_1 gehörige stereographische Pol N'_1 (Winkelpunkt) auf dem Schnitt von
L' und CN_1; somit ist N'_1 der stereographische Pol von Z_1 und A_1.

41. Zusatz.

Haben wir für mehrere durch A gehende Linien den Winkelpunkt zu
suchen, so empfiehlt es sich Satz **21** zu Hilfe zu nehmen und den Kreis durch
AC zu ziehen. Dann ist die Construction noch einfacher. A_1 ist der Schnitt
von Z_1 mit dem Kreis AC, der Winkelpunkt N'_1 der Schnitt von $A_1 C$ mit L'.

42. Aufgabe. Gegeben: In stereographischer Projection ein Punkt A'.
Gesucht: Die Punkte E' und F' auf der Centralen CA', welche
von A' um den $\angle \alpha$ abstehen.

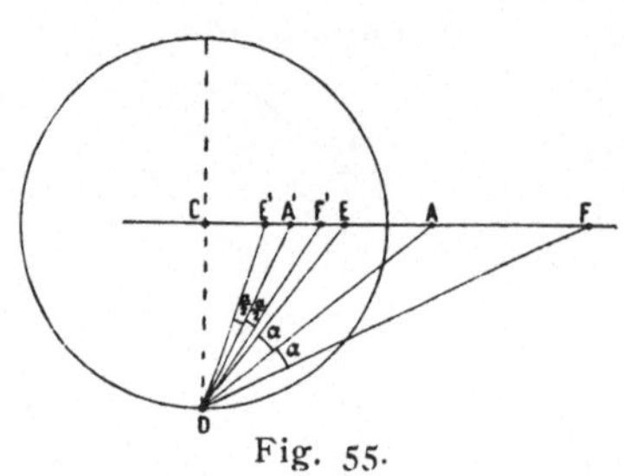

Fig. 55.

Auflösung. Man zieht CD und DA' (Fig. 55)
und macht $\angle A'DE' = A'DF' = \frac{\alpha}{2}$. So sind
E' und F' die gesuchten Punkte.

Beweis. Es seien EAF die E'A'F' entsprechenden gnomonischen Punkte. Da nun
gnomonisch D der Winkelpunkt der Zone
ist, so findet man E und F, indem man α
nach beiden Seiten von DA aufträgt, also ADE

$= ADF = \alpha$ macht. Die zugehörigen stereographischen Punkte E'F' findet
man, indem man EDC und FDC halbirt (nach Aufg. **22**). Es ist danach:

$$\text{für } ADC = \delta; \quad A'DC = \frac{\delta}{2}$$

$$EDC = \delta - \alpha, \quad FDC = \delta + \alpha; \quad E'DC = \frac{\delta - \alpha}{2}, \quad F'DC = \frac{\delta + \alpha}{2}$$

$$A'DE' = A'DC - E'DC = \frac{\delta}{2} - \frac{\delta - \alpha}{2} = \frac{\alpha}{2}$$

$$F'DA' = F'DC - A'DC = \frac{\delta + \alpha}{2} - \frac{\delta}{2} = \frac{\alpha}{2},$$

was zu beweisen war.

43. Aufgabe. Gegeben: Ein stereographischer Projectionspunkt A'.
Gesucht: Der Ort aller Punkte, die um einen gegebenen Winkel α von A' abstehen.

Auflösung. Man zieht die Centrale C A' (Fig. 56) und die Normale DD', trägt zu beiden Seiten von D A' den Winkel $\frac{\alpha}{2}$ auf und findet so auf A'C die Punkte E' und F'. Der Kreis X durch E'F' als Durchmesser ist der gesuchte Ort.

Beweis. Gehen wir aus von der Kugel um den Krystallmittelpunkt M mit dem Radius h, die der stereographischen Projection zu Grunde liegt, so bilden alle Strahlen, die von A'M um α abstehen, einen Kegel. Dieser schneidet die Kugel in einem Kreis. Nach einer bekannten Eigenschaft der stereographischen Projection, der wichtigsten Eigenschaft derselben, erscheint ein Kreis der Kugel in stereographischer Projection aber ebenfalls als Kreis.[1]) Von diesem

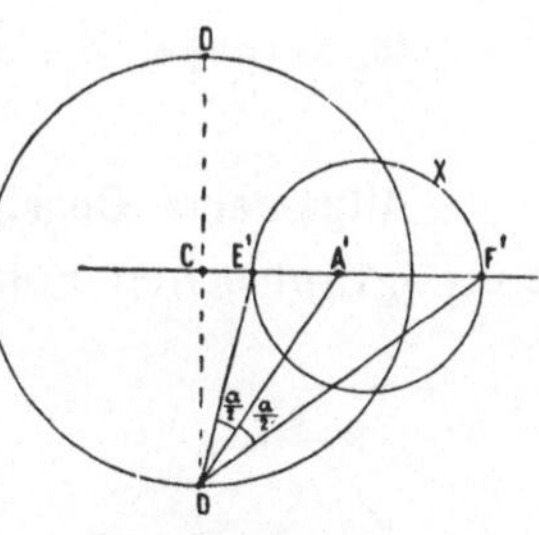

Fig. 56.

können wir die zwei Punkte E' und F' leicht finden (nach Aufg. **42**), indem wir an D A' den $\angle \frac{\alpha}{2}$ auftragen. Die Centrale A'C ist die Projection der Halbirungsebene des Kegels und es wird durch sie auch der Projectionskreis halbirt; E'A'F' ist somit der Durchmesser desjenigen Kreises, dem alle Projectionspunkte des Kegels angehören, also alle Punkte, die von A' um den $\angle \alpha$ abstehen.

44. Satz.

Der Ort aller gnomonischen Punkte, die von einem Punkt A um den $\angle \alpha$ abstehen, ist ein Kegelschnitt, denn er ist der Schnitt der Projectionsebene mit dem Kegel der Strahlen, die, von M ausgehend, den Winkel α mit dem Strahl MA bilden. Welche Art von Kegelschnitt es sei, hängt ab von der Grösse von α und der Winkeldistanz δ des Punktes A von C. Mit

---

[1]) Der Beweis hierfür findet sich: R e u s c h. Die stereographische Projection 1881 S. 4 u. a. a. O.

der Grösse von δ und α hängt auch zusammen, welche Lage der stereographische Kleinkreis, dessen Punkte um α von A' abstehen, gegenüber dem Grundkreis hat. Es bestehen dabei folgende Beziehungen.

Grösse von δ und α.	Art des Kegelschnitts in gnomon. Projection.	Lage des Kleinkreises gegen d. Grundkreis in stereogr. Proj.
$\delta + \alpha < 90°$	Ellipse	ganz innerhalb od. ganz ausserhalb.
$\delta + \alpha = 90°$	Parabel	tangirt den Grundkreis.
$\delta + \alpha > 90°$	Hyperbel	schneidet den Grundkreis.
$\delta = 0°$	Kreis	concentrisch mit dem Grundkreis.
$\alpha = 90°$	Gerade	grösster Kreis (auf einem Durchmesser aufsitzend).
$\alpha = 0$	Punkt	Punkt.

Anmerkung. Ellipse, Parabel und Hyperbel sind bei Constructionen nicht so bequem als Kreis und Gerade. Wir können die Anwendung der Kegelschnitte umgehen und die hierhergehörigen Aufgaben auf einem Umweg mit Hilfe der stereographischen Projection lösen, wo statt der Kegelschnitte nur Kreise auftreten (vgl. **49, 50**). In der Regel ist dieser letztere Weg vorzuziehen. Da jedoch auch die Anwendung des ersteren manchmal wünschenswerth erscheinen kann, so wollen wir beide angeben.

45. Aufgabe. Zu construiren der gnomonische Ort aller Punkte, die von A um den $\angle$ α abstehen.

Allgemeine Construction. Man zieht die Centrale A C (Fig. 57) und den stereographischen Polarkreis (Winkelbogen) L' von A. Zunächst sucht man

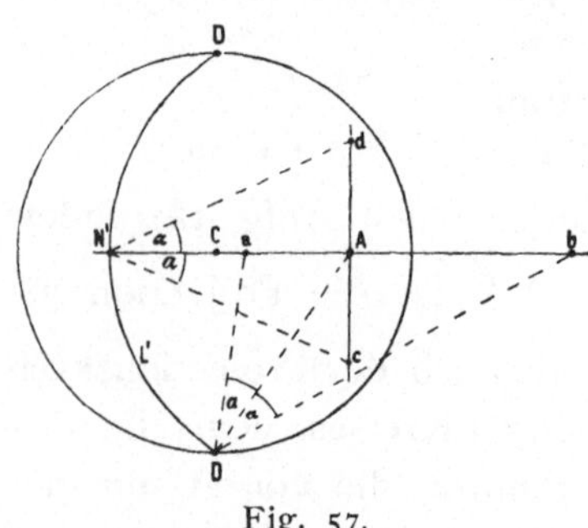

Fig. 57.

dann die zwei Punkte a und b auf der Centralen. Da D der Winkelpunkt der Centralen ist, so findet man diese, die wie alle andern um α von A abstehen sollen, indem man an D A zu beiden Seiten den Winkel α anlegt. Wir errichten darauf in A eine Senkrechte auf A C und suchen die zwei Punkte c d auf dieser. Für sie ist N' der Winkelpunkt; wir finden daher c und d, indem wir an C N' zu beiden Seiten den $\angle \alpha$ anlegen. Aus den Punkten a c b d ist der allgemeine Verlauf der Curve schon zu sehen.

Wir können nun beliebig viele weitere Punkte derselben in folgender Weise construiren.

Wir ziehen eine Gerade durch A z. B. Z (Fig. 58) und suchen die Punkte auf dieser. Wir nehmen den Winkelpunkt n von Z, der auf L' liegt, nach Satz **40**, wozu wir auch noch Zusatz **41** berücksichtigen und den Hilfskreis durch A C verwenden können. An n A legen wir zu beiden Seiten α an und finden so die Punkte e und f, die von A um α abstehen.

Auch hier können wir uns, wenn wir viele Punkte zu construiren haben, eines Hilfskreises bedienen. Schlagen wir von n durch A einen Bogen x y, so sind die Abschnitte A x und A y gleich unter sich, sowie für alle Winkel f n A und e n A, da ja n A für alle Winkelpunkte n gleich ist (sie liegen auf L' und L' ist ein Bogen um A). Ziehen wir den Hilfskreis durch x y um A, so vereinfacht sich abermals die Construction. Sie verläuft nun so:

Man zieht Z, sucht dazu den Winkelpunkt n, schlägt aus n den Bogen x y durch A, zieht n e durch x, e f durch y, so sind e und f Punkte des Kegelschnittes.

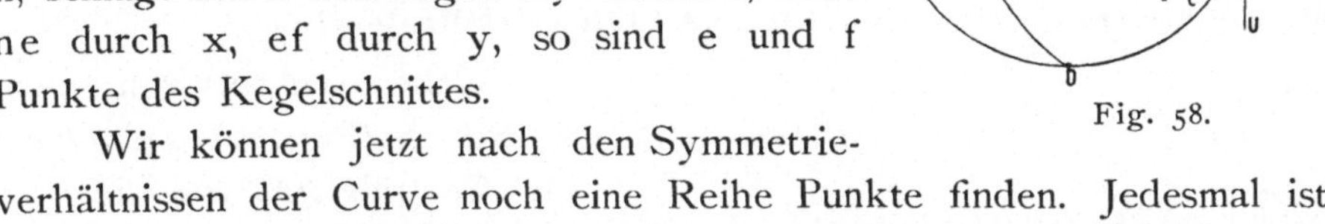

Fig. 58.

Wir können jetzt nach den Symmetrieverhältnissen der Curve noch eine Reihe Punkte finden. Jedesmal ist C A Symmetrielinie, es liegt also ein Punkt f_1 symmetrisch zu f über die Axe C A.

Aus der Lage der Punkte a c b d wissen wir, ob wir eine Ellipse, Parabel oder Hyperbel haben. Ellipse und Hyperbel sind ausserdem symmetrisch zu einer Axe U U, die ⊥ C A in der Mitte zwischen a und b durchgeht. Nach ihr symmetrisch liegt zu f ein Punkt f_3 zu f_1 f_2. Aus den zwei Punkten auf Z werden somit acht Punkte.

Wir können so fortfahren, können aber auch die speciellen Eigenthümlichkeiten der drei Curvenarten zu ihrer Construction benutzen.

Immerhin erscheint das Arbeiten mit den Kegelschnitten complicirt gegenüber der Construction mit Kreisen und Geraden. In der Praxis vereinfacht sich das Construiren dadurch, dass wir nie alle Theile der Curve exakt auszuführen brauchen. Wir verwenden stets nur die Schnitte der Curve mit einer andern Curve oder einer Geraden. Nachdem wir a c b d festgelegt haben, kennen wir den ungefähren Verlauf der Curve und die ungefähre Lage der Schnittpunkte mit der andern Linie. Nur in einem kleinen Gebiet um diese Schnittpunkte brauchen wir also die Curve exact zu construiren, was sich leicht ausführen lässt.

Wir könnten für jeden der drei Kegelschnitte eine specielle Construction geben, obwohl man mit der allgemeinen Construction **45** für alle Fälle auskommt. Wir wollen aber als Beispiel nur den Fall der Ellipse aufschreiben.

45b. Ellipse.

Nachdem wir nach Aufg. **45** die Punkte a b c d (Fig. 57) festgelegt haben, ziehen wir den grossen (umschriebenen) und kleinen (eingeschriebenen) Kreis der Ellipse (G und g) (Fig. 59). Der Mittelpunkt beider m liegt in der Mitte zwischen a und b, m b ist der Radius von G; wir ziehen den Kreis G aus und müssen nun, um auch g ausziehen zu können,

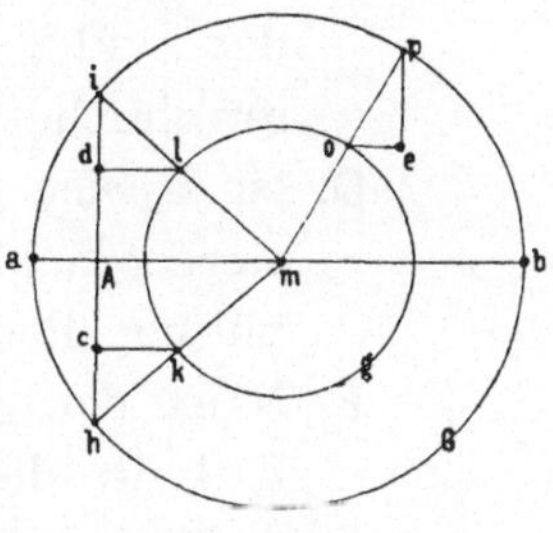

Fig. 59.

noch den Radius von g finden. c und d sind Punkte der Ellipse. Wir ziehen c d bis zum Schnitt h i mit G, ausserdem ziehen .wir h m und i m; d l und c k ‖ a b. m l = m k geben dann den Radius von g.

Nachdem wir den grossen und den kleinen Kreis der Ellipse gezogen haben, finden wir in bekannter Weise einen Punkt e der Ellipse so: Wir ziehen einen Strahl aus m, der G in p, g in o schneidet, gehen von o ‖ a b, von p ⊥ a b. Im Schnitt liegt der Ellipsenpunkt e.

46. Die vier conjugirten Punkte und Linien der Projection.

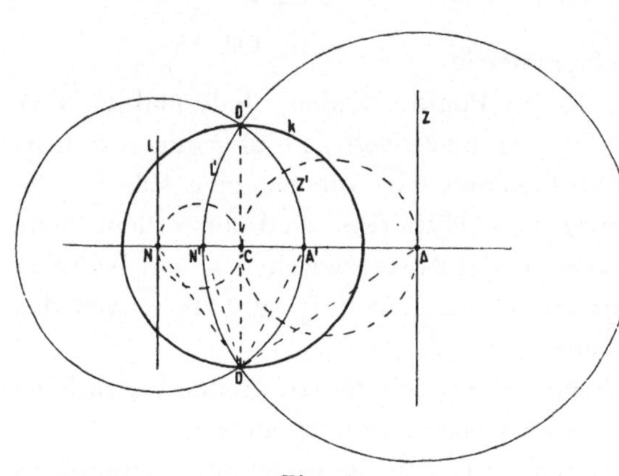
Fig. 60.

Gehen wir aus von einem Punkt A (Fig. 60) und ziehen die Centrale A C und die Normale D D', so gehören zu A seine (d. h. die zu A C senkrechte, durch ihn gehende) gnomonische Zonenlinie Z, die Polare L und der Pol N, die stereographische Polare L' und der stereographische Pol N' (d. h. die Abbildungen von L und N in stereographischer Projection), der A entsprechende stereographische Punkt A' und der zu A' gehörige Zonenkreis Z'. A A' N' N wollen wir als conjugirte Punkte bezeichnen, Z Z' L' L als conjugirte Linien. Zwischen ihnen besteht eine Reihe einfacher und merkwürdiger Beziehungen.

A. Bei D treten folgende Winkel auf: $NDA = 90^0$, $N'DA' = 45^0$, $CDA = \alpha$, $ADA' = A'DC = \frac{\alpha}{2}$; $CDN = 90 - \alpha$, $CDN' = N'DN = 45 - \frac{\alpha}{2}$.

B. Ist A der gnomonische Projectionspunkt einer Fläche A, so ist A' der stereographische Punkt, L' die cyklographische, L die euthygraphische Projectionslinie der Fläche A in der gleichen Ebene.

C. Umgekehrt, ist N der gnomonische Punkt einer Fläche, so ist N' der cyklographische Punkt, Z' die cyklographische, Z die euthygraphische Linie derselben Fläche.

D. Ist Z eine gnomonische Zonenlinie, so ist Z' die entsprechende stereographische Linie, N' der cyklographische, N der euthygraphische Punkt derselben Zone.

E. N ist der gnomonische, N' der stereographische Pol von A und Z, L ist die gnomonische, L' die stereographische Polare von A.

F. A A' N' N sind Mittelpunkte der Zonenlinien Z Z' L' L.

G. A ist der Mittelpunkt des L entsprechenden Kreises L', mögen nun L und L' Flächen- oder Zonenlinien sein.

H. N ist der Mittelpunkt des Z entsprechenden Kreises Z'.

I. N' ist der Winkelpunkt von Z, A' von L.

K. Liegt N innerhalb des Grundkreises, so liegt A ausserhalb und umgekehrt.

L. $NC \cdot CA = h^2$ ist ein constanter Werth.

M. L ist der Ort der Pole aller Geraden durch A; Z der Ort der Pole aller Geraden durch N.

N. Bewegt sich ein Punkt auf Z fort, so läuft sein Pol N_1 auf einem Kreis über NC hin. Bewegt sich ein Punkt auf L, so läuft sein Pol auf einem Kreis über AC.

O. Die Mittelpunkte aller Zonenlinien durch A liegen auf dem Kreis AC und zwar in ihrem Schnitt mit diesem Kreis.

P. Die Mittelpunkte aller Zonenlinien durch N liegen auf dem Kreis NC und zwar in ihrem Schnitt mit diesem Kreis.

Q. L' ist der Ort der Winkelpunkte aller Zonenlinien durch A.

R. Z' ist der Ort der Winkelpunkte aller Zonenlinien durch N.

Alle die angeführten Beziehungen sind im Vorhergehenden bereits erwiesen; sie bilden die wichtigste Verknüpfung der vier Projectionsarten unter einander, sowie der Bestandtheile einer Projection unter sich.

47. Aufgabe. Gegeben: Für eine Fläche A_2 (Fig. 61) eine Zone Z und der Winkel α zu einer bekannten Fläche A_1 der Zone.
Gesucht: Die Position des Flächenpunktes und sein Symbol.

Auflösung. Man sucht den Winkelpunkt N der Zone nach **32**, zieht $A_1 N$, legt daran den Winkel α und findet so im Schnitt von Z und dem andern Schenkel von α den Punkt A_2.

Die Aufgabe hat zwei Lösungen und es muss bekannt sein, nach welcher Seite von $A_1 A_2$ liegt.

Das Symbol von A_2 findet man, indem man die Coordinaten zu den Axen P und Q zieht und mit p_0 und q_0 ausmisst.

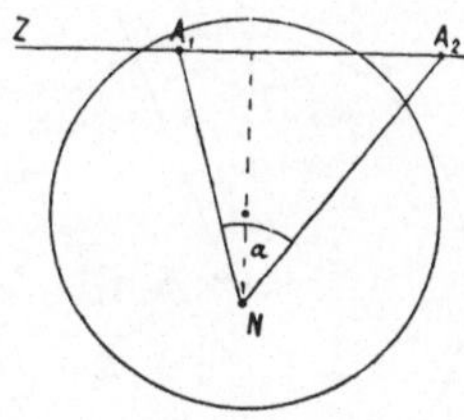

Fig. 61.

48. Aufgabe. Gegeben: Zwei gnomonische Flächenpunkte $A_1 A_2$. Ein dritter A_3 stehe von A_1 um $\angle \alpha_1$, von A_2 um $\angle \alpha_2$ ab.
Gesucht: Ort und Symbol von A_3.

A. Direkte Auflösung in gnomonischer Projection. Man construirt um A_1 den Kegelschnitt aller Punkte, die von A_1 um α_1 abstehen, ebenso um A_2 mit α_2. Beide schneiden sich entweder gar nicht, dann giebt es einen solchen Punkt A_3 nicht, oder sie schneiden sich in zwei Punkten A_3 und A_{III}. Der Ort dieser Punkte ist der gesuchte, ihr Symbol findet sich durch Ausmessen der Coordinaten. Die Aufgabe hat somit zwei Lösungen. Welche von beiden im speciellen Fall die richtige ist, muss aus einer näheren Angabe über die Lage von A_3 am Krystall hervorgehen.

Wir wollen ein Beispiel zeichnen für den Fall, dass beide Kegelschnitte Ellipsen sind, also für $\delta + \alpha \angle 90^0$ (Fig. 62).

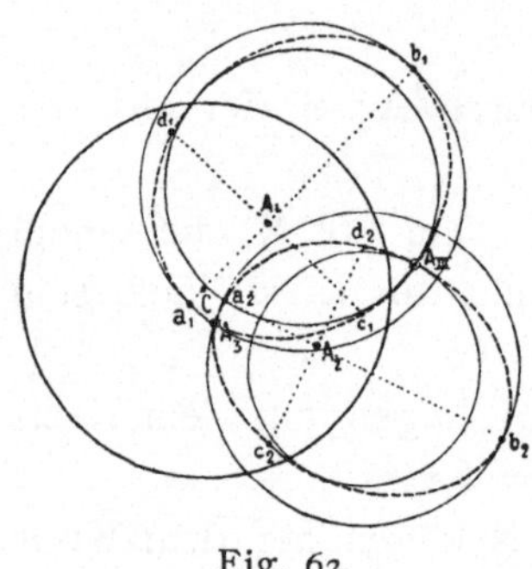

Fig. 62.

Wir suchen für A_1 die Punkte a_1 b_1 c_1 d_1 auf (nach **45**) und ziehen durch sie aus freier Hand die Ellipse E_1. Ebenso construiren wir für A_2 die Punkte a_2 b_2 c_2 d_2 und ziehen die Ellipse E_2. Wir sehen nun schon, wo die zwei Schnittpunkte von E_1 und E_2, unsere gesuchten Punkte A_3 und A_{III} liegen. Kommt es nur auf eine ungefähre Ortsbestimmung an, so genügt manchmal schon das. Wir können aber diese Punkte leicht mit Exaktheit festlegen. Wir ziehen für E_1 und E_2 den Grosskreis und den Kleinkreis (nach **46**) und bestimmen im Gebiet der Schnitte den Verlauf der beiden Curven durch je drei oder vier Punkte. Hierdurch lässt sich der Ort von A_3 und A_{III} sehr genau bestimmen. In der Regel dürfte die Bestimmung mit Hilfe des Umwegs durch die stereographische Projection (**48 B**) wegen ihrer grösseren Einfachheit den Vorzug verdienen. Doch können auch Fälle vorkommen, in denen man lieber direct mit Kegelschnitten arbeitet.

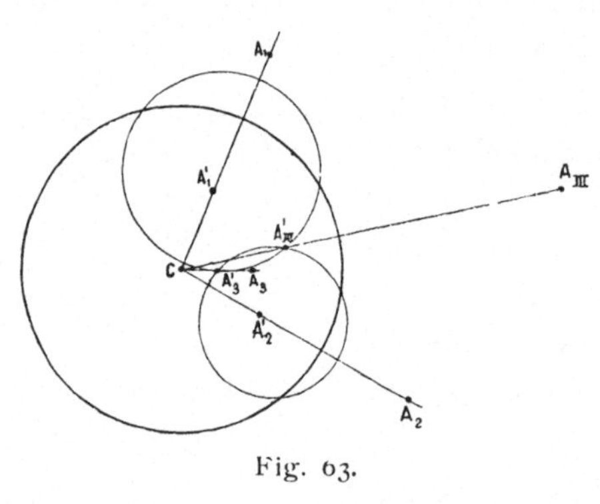

Fig. 63.

B. Indirekte Auflösung mit Hilfe der stereographischen Projection. Man überträgt A_1 und A_2 (Fig. 63) in stereographische Projection (nach **29**) und findet für sie die stereographischen Punkte A'_1 und A'_2. Man beschreibt darauf den Kreis der Punkte, die von A'_1 um α_1 abstehen (nach **43**), ebenso den Kreis für den Winkelabstand α_2 von A'_2. Beide Kreise schneiden sich in zwei Punkten A'_3 und A'_{III}, welche die gesuchten Punkte in stereographischer Projection sind.

Will man ihr Symbol wissen, so führt man die Punkte wieder (nach **24**) in gnomonische Punkte A_3 und A_{III} über.

C. Zusatz. Berühren sich die Kreise in einem Punkt, so fallen beide Lösungen in eine zusammen. Treffen sie sich überhaupt nicht, so hat die Aufgabe keine Lösung. Bezeichnen wir den Winkelstand von A_1 A_2 mit δ, so haben wir

$$\text{eine Lösung, wenn } \delta = \alpha_1 + \alpha_2$$
$$\text{keine Lösung, wenn } \delta > \alpha_1 + \alpha_2$$
$$\text{oder, wenn } \delta < \alpha_1 - \alpha_2 \text{ ist.}$$

D. Nachträgliche Controle und Correctur dieser Construction. Wegen des zweimaligen Uebertragens der Punkte, sowie durch die häufige Schiefe der Kreisschnitte leiden die Punkte etwas an Ungenauigkeit und bedürfen besonderer Controle eventuell Correctur. Man überzeugt sich, ob in der That $\angle A_1 A_3 = \alpha_1$, $\angle A_2 A_3 = \alpha_2$ ist (Fig. 64), indem man durch $A_1 A_3$ die Zonenlinie Z_1 zieht und ihren Winkelpunkt N_1 (nach **32**) vermerkt, von dort $A_1 A_3$ ausmisst, ob es wirklich $= \alpha_1$ ist; ebenso überzeugt man sich, ob $A_2 A_3 = \alpha_2$ ist. Gesetzt, es treffe nicht zu, sondern es sei in der Zonenlinie Z_1 nicht $A_1 A_3$, sondern $A_1 d = \alpha_1$ und nicht $A_2 A_3$, sondern $A_2 e = \alpha_2$, so corrigirt man in der Weise, dass man um d mit $A_3 d$, aus e mit $A_3 e$ Bogen schlägt, die sich in a_3 treffen. a_3 ist dann der verbesserte Punkt.

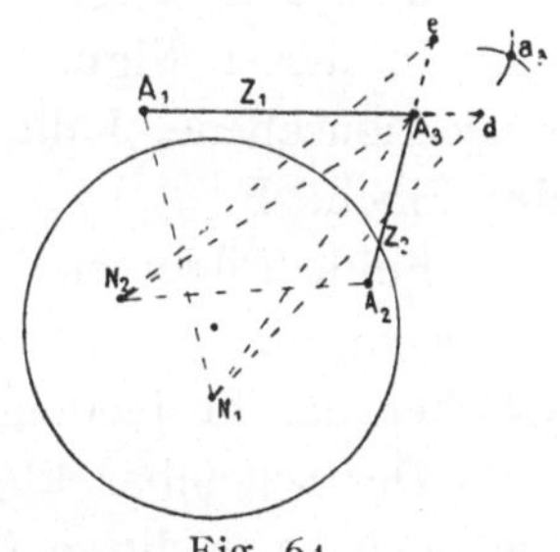

Fig. 64.

Die Correctur ist ebenfalls nur eine Annäherung, doch führt sie bei der Kleinheit der in Betracht kommenden Masse zu einem genügenden Resultat. Waren die Fehler sehr gross und erscheint die Correctur nicht als genügend, so kann man dasselbe Correctur-Verfahren wiederholen.

In der Regel läuft die Aufgabe auf nichts weiter hinaus, als auf die Bestimmung des Zahlensymbols der Fläche. Dazu genügt meist die Ortsbestimmung auch ohne Correctur. Immerhin ist die Prüfung nicht zu unterlassen, ob die Winkel $A_1 A_3$ und $A_2 A_3$ wirklich die richtigen sind.

49. Aufgabe. Gegeben: Für einen gnomonischen Punkt A_2 eine Zone Z, der er angehört und der Winkel α, den er mit einem gegebenen Punkt A_1 ausserhalb der Zone bildet.
Gesucht: Ort und Symbol des Punktes.

A. I. Auflösung. Man construirt den Kegelschnitt, dem alle Punkte angehören, die um α von A_1 abstehen (nach **45**), die Schnittpunkte von Z mit diesem geben die beiden der Aufgaben genügenden Punkte.

B. 2. Auflösung. Man sucht den stereographischen Punkt A'_1, der A_1 entspricht und den Kreis aller Punkte, die von A'_1 um α abstehen (nach **43**), ferner den Z entsprechenden stereographischen Zonenkreis Z'. Im Schnitt von Z' mit dem genannten Kreis liegen die stereographischen Punkte A'_2 und A'_{II}, die der Aufgabe genügen. Will man das Symbol wissen, so überträgt man die Punkte A'_2 und A'_{II} in gnomonische Projection (nach **24**) und misst die Coordinaten.

Stereographische Kleinkreise. Wie bereits gesagt, erscheinen in stereographischer Projection alle Kreise der Kugel wieder als Kreise. Grösste

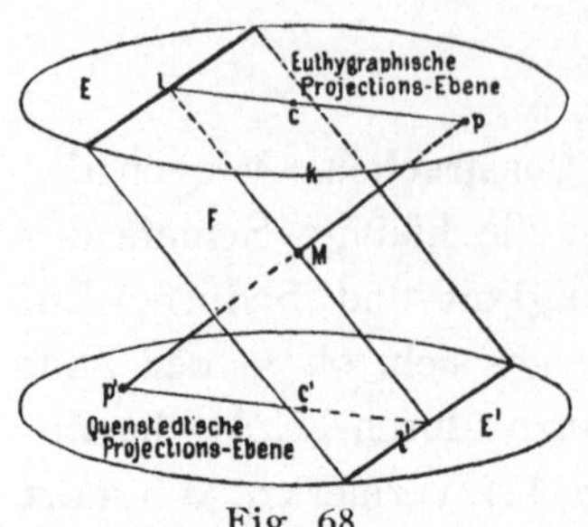

Fig. 68.

graphische bezeichnet haben. Der Unterschied zwischen beiden ist folgender: Quenstedt legt alle Flächen und Kanten durch einen Punkt in der Entfernung 1 über der Projectionsebene; wir verschieben sie in den Mittelpunkt M des Krystalls und haben die Projectionsebene in der Entfernung k über M. Das Quenstedt'sche Verfahren ist dasselbe, als wenn man alle Flächen nach M schöbe und die Projectionsebene in der Entfernung k darunter legte. Daraus ergiebt sich die Beziehung zwischen beiden, wie sie Fig. 68 dargestellt ist.

In dieser Figur ist E die euthygraphische, E' die Quenstedt'sche Projectionsebene, l die euthygraphische, l' die Quenstedt'sche Projection der Fläche F.

Beide Bilder sind gleich, nur ist das Quenstedt'sche Bild gegen das euthygraphische um 180⁰ gedreht. Man kann durch Drehen des Papiers, welches das Projectionsbild trägt, das eine Bild in das andere überführen.

Der scheinbar kleine Unterschied zwischen beiden Projectionsmethoden hat doch so wichtige Consequenzen für die Anwendung der Projection, dass deren Nichtbeachtung bedeutende Fehler mit sich bringt. Die Unterschiede liegen in der verschiedenen Anwendung der Vorzeichen $\pm$, sowie in der verschiedenen Art der Anschauung der Flächen resp. Kantenlage im Raum aus dem Bild und ausserdem in den Beziehungen zur Polarprojection. Um die Unsicherheit wegzunehmen, müssen wir uns für eine der beiden Varietäten entscheiden, wenn auch damit nicht ausgeschlossen ist, dass man nach Bedarf sich einmal der andern bedient. Ich gebe im Allgemeinen der euthygraphischen Projection den Vorzug und werde die Gründe dafür zusammenfassen, nachdem die Eigenart beider in Bezug auf Vorzeichen und Anschauung etwas näher beleuchtet sind.

58. Vorzeichen der Coordinaten des Anfangspunktes O.

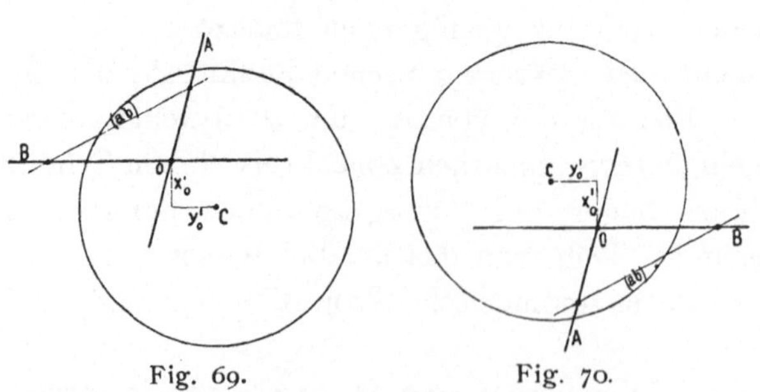

Fig. 69.　　　　Fig. 70.

Für die Coordinaten des Anfangspunktes der euthygraphischen Projection sind die Werthe x'_0 y'_0 im Index für jedes Mineral ausgerechnet, in dem Sinn, dass $y'_0 \parallel$ der B-Axe läuft, x'_0 senkrecht dazu. In dem euthygraphischen Bild Fig. 69 sind diese Werthe einzutragen, mit den Vorzeichen, mit denen sie im Index figuriren; $+$ vorn rechts, $-$ hinten links. In dem Quenstedt'schen Bild Fig. 70 ist die Bedeutung von $\pm$ umgekehrt aufzufassen.

Vorzeichen der Symbole (a b) resp. Richtung der Längenelemente a_0 b_0.

Die Linearsymbole ergeben sich aus den polaren als deren reciproke Werthe (vgl. Index S. 17). Bei dieser Umwandlung soll sich das Vorzeichen nicht ändern. Liegt aber ein Flächenpunkt im Quadranten vorn rechts, hat also positives p und q, so läuft seine euthygraphische Linie durch den Quadranten hinten links, schneidet somit hinten und links auf A und B die Parameter ab. Im Raum liegt die Fläche im Octanten, oben vorn rechts; eine Lage, die wir als positiv ansehen.

Wir geben einer solchen Fläche nicht gern das Zeichen $(\bar{a}\,\bar{b})$, während wir den Quadranten hinten links auch nicht gern als $+$ ansehen. Es bleibt nur der Ausweg übrig, die Werthe a_0 b_0 negativ zu nehmen, d. h. a_0 nach hinten, $-a_0$ nach vorn, b_0 nach links, $-b_0$ nach rechts zu zählen. Wir könnten die Werthe a_0 b_0 sogleich in die Verzeichnisse mit negativen Zahlenwerthen eintragen, doch erscheint das überflüssig, wenn ein für alle Mal die genannte Art der Eintragung feststeht.

In der Quenstedt'schen Projection ist a_0 nach vorn, b_0 nach rechts aufzutragen, dagegen haben wir für die Coordinaten des Anfangspunktes, wie sie im Index gegeben sind, die Vorzeichen zu verwechseln.

Beziehung zur räumlichen Anschauung.
Bei der Quenstedt'schen Projection erscheint die Trace einer Fläche, die am Krystall oben vorn rechts auftritt, im Projectionsbild vorn rechts, in der euthygraphischen hinten links. Das ist ein Umstand, den man als wesentlich zu Gunsten der Quenstedt'schen Projection anführen könnte. Betrachten wir aber die Gegenfläche links hinten unten mit, welche dieselbe Projectionslinie hat, so ist für diese die Trace vorn rechts nicht mehr so natürlich. Um Fläche und Projectionslinie räumlich zu verknüpfen, müssen wir die untere Fläche durch den Mittelpunkt durch bis in die Spitze parallel verschieben. Es erscheint aber naturgemässer, Fläche und Gegenfläche nach der Mitte zu rücken, bis sie zusammenfallen.

Noch frappanter ist das Bedürfniss bei den Kanten. Mag man diese als Zonenaxen ansehen, oder als Begrenzungselemente, die sich rings um den Krystall wiederholen, der Ort, in den alle naturgemäss zusammenzuschieben sind, ist nur der Krystallmittelpunkt.

Endlich für Ebenen und Axen, die nicht der Oberfläche angehören, wie Spaltungsebenen, optische Axenebenen, Elasticitäts-Axen ist es nur natürlich, sie durch den Krystallmittelpunkt gelegt zu denken, nicht aber in eine Spitze geschoben.

Wir könnten nun immer noch zur Quenstedt'schen Projection kommen, wenn wir alle Gebilde in den Krystallmittelpunkt schöben und die Projectionsebene nach unten legten. Das würde von Quenstedt's Auffassung abweichen, aber zu dem gleichen Resultat führen. Wir hätten dann die Polarprojection nach oben, die Linearprojection nach unten.

Beziehung zur Polarprojection. Zwischen der euthygraphischen und gnomonischen Projection besteht die einfache Beziehung, dass, bei Projection beider in dieselbe Ebene die euthygraphische Flächenlinie die Polare des gnomonischen Flächenpunktes ist, der euthygraphische (Kanten-) Zonenpunkt andererseits der Pol der gnomonischen Zonenlinie. Umgekehrt ist der gnomonische Flächenpunkt der Pol der euthygraphischen Flächenlinie, die gnomonische Zonenlinie die Polare des euthygraphischen Kanten- (Zonen-) punktes. Diese wichtige Beziehung entfällt bei der Quenstedt'schen Projection. Sie ist von grosser Bedeutung, wenn man mit beiden Arten der Projection zugleich oder abwechselnd operirt und besonders dann, wenn beide Projectionsebenen zusammenfallen, mit ihnen die Scheitelpunkte und Grundkreise. Das ist in allen Systemen mit Ausnahme des monoklinen und triklinen der Fall.

Die Gewohnheit endlich spricht zu Gunsten der Quenstedt'schen Art, und der Umstand, dass die vorhandenen linearen Projectionsbilder nach dieser Art hergestellt sind. Die Gewohnheit jedoch kann nur bei Gleichwerthigkeit der Concurrirenden entscheiden. Ausserdem kann sie sich ändern. Stets wird jeder, der mit Projectionen arbeitet, eine Art, die polare oder lineare, als alleinige oder Hauptart in Gebrauch haben. Neben der geradlinigen wird man gleichzeitig die zugehörige kreislinige führen. Es wird aber, wie ich sicher annehme, die Polarprojection die lineare als Hauptprojection verdrängen und zwar wegen der grösseren Klarheit der Bilder, wegen der polaren Symbole mit ihren genetischen Beziehungen und wegen der Art der Krystallberechnung, die sich nicht auf Kanten, sondern auf Flächen stützt.

Wird aber die Linearprojection nur nebenbei zur Lösung grösserer Aufgaben verwendet, so ist ihr am besten diejenige Gestalt zu geben, welche sie in den engsten Zusammenhang mit der Hauptprojection, der polaren, bringt. Die engste Beziehung aber ist die der Polarität, wie sie zwischen gnomonischer und euthygraphischer Projection besteht.

Der ausführlichere Vergleich zwischen beiden Arten wurde gegeben, um dem Einwand zuvorzukommen, dass es nicht gerechtfertigt sei, neben etwas Bestehendes und als gut Anerkanntes, ein Neues zu setzen, das nur so wenig differirt und bei so geringem Gewinn von dem Ueblichen abzuweichen. Aus der einheitlichen Behandlung der Projection, wie sie in der vorliegenden Schrift vorgenommen wird, konnte sich consequenter Weise nur die euthygraphische Art ergeben und es entstand die Frage, ob sie der bereits bestehenden Quenstedt'schen zu opfern sei. Ich kam zu dem entgegengesetzten Schluss.

Ausserdem war ich verpflichtet, die Unterschiede zwischen der euthygraphischen und der Quenstedt'schen Varietät deutlich hervorzuheben, einmal wegen der abgeleiteten Beziehungen zwischen polarer und linearer Projection, die theilweise bei graphischen Lösungen verwendet werden, und die direct nur für die euthygraphische, nicht für die Quenstedt'sche Projection gelten und wegen der Vorzeichen der Elementarwerthe x'_0 y'_0 d' des Index, die sonst hätten zu Irrthümern führen können. Es gehören aber Fehler, wie die hier möglichen, durch Verwechslung des Vorzeichens zu den gefährlichsten. Sie führen zu Differenzen im Resultat zwischen den auf graphischem Wege einerseits und durch Rechnung andererseits gefundenen Zahlen, deren Ursache man nicht leicht findet, besonders dann nicht, wenn die Werthe x'_0 y'_0 d' klein sind und die triklinen Elemente den rhombischen nahe kommen. Ist man sich des Gegensatzes der beiden bewusst und giebt der Quenstedt'schen Art den Vorzug, so kann es dann ohne Fehler geschehen.

Euthygraphische Projection.

59. Grundlinien der Projection. Allgemeiner Fall. Triklines System.

Die Elemente der Linear-Projection sind $a_0 b_0$ $(\alpha\,\beta)$ $\gamma\,x'_0\,y'_0\,k$ (vgl. Index Bd. 1. S. 18, 82 u. 83). Wir tragen sie folgendermassen auf. Um einen Punkt c (Fig. 71) beschreiben wir den Grundkreis mit dem Radius k.

Er ist der Grundkreis der cyklographischen Projection.

Von c tragen wir y'_0 quer auf und senkrecht dazu x'_0 ($+\,y'_0$ nach rechts, $+\,x'_0$ nach vorn) und gelangen so in den Punkt o; den Coordinatenanfang.

Durch o legen wir $\parallel y'_0$ die Axe B und dazu unter dem Winkel γ nach rechts die Axe A. Auf A wird nach beiden Seiten von o die Einheit a_0, auf B b_0 aufgetragen.

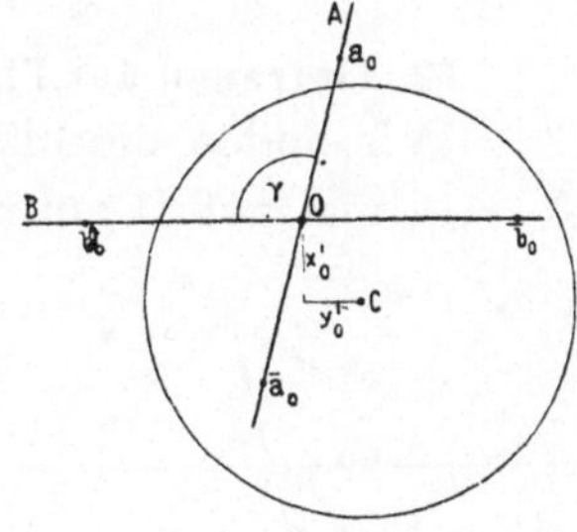

Fig. 71.

Anmerkung. Soll die A-Axe genau von vorn nach hinten laufen, so ist das Papier mit der Zeichnung entsprechend zu drehen.

60. Anschreiben der linearen Flächensymbole.

Zum Zweck des Eintragens der Flächenlinien schreiben wir uns zunächst die linearen Flächensymbole (a b) an und zwar neben die polaren p q, die wir in den Formenverzeichnissen führen. Die linearen Flächensymbole setzen wir zur Unterscheidung von den polaren in runde Klammern ( ). (a b) enthält die reciproken Werthe von p q. Also:

$$(a\,b) = \frac{1}{p}\,\frac{1}{q}\,; \quad p\,q = \left(\frac{1}{a}\,\frac{1}{b}\right) \quad \text{(vgl. Index S. 18).}$$

Die Vorzeichen bleiben unverändert. Diese Umwandlung gilt für alle Systeme und alle Symbole. Nur für die Prismenflächen ist eine specielle Bestimmung nöthig. Der reciproke Werth von o ist ∞. Also o 2 $= (\infty \tfrac{1}{2})$. Für die Prismen ist a und b $=$ o. Jede Prismenlinie geht also durch den Coordinatenanfang o, aber in verschiedenen Richtungen. Die Richtung ist charakterisirt durch den Verlauf der von o nach dem Prismenpunkt führenden Geraden. Für eine solche ist das Verhältniss a : b constant und chakteristisch für die Richtung. Wir geben, um dies im Symbol auszudrücken, diesem die Gestalt $(a\,b) = \left(\frac{o}{m}\,\frac{o}{n}\right)$, wobei a : b $= \frac{1}{m} : \frac{1}{n}$ ist. $\frac{1}{m}$ und $\frac{1}{n}$ sind die reciproken Werthe des entsprechenden polaren Symbols m∞·n∞. Für Prismen bilden wir danach das lineare Symbol, indem wir in $\left(\frac{o}{m}\,\frac{o}{n}\right)$ die Coefficienten von ∞ des polaren Symbols in den Nenner setzen. z. B.:

$$\infty\,2 = \infty \cdot 2\,\infty = (\tfrac{o}{1}\,\tfrac{o}{2})\ \text{oder}\ (o\,\tfrac{o}{2})$$
$$2\,\infty = 2\,\infty \cdot \infty = (\tfrac{o}{2}\,\tfrac{o}{1})\ \text{oder}\ (\tfrac{o}{2}\,o)$$
$$\tfrac{3}{2}\,\infty = 3\,\infty \cdot 2\,\infty = \qquad\qquad (\tfrac{o}{3}\,\tfrac{o}{2})$$
$$\infty = \infty \cdot \infty = (\tfrac{o}{1}\,\tfrac{o}{1}) = (\infty\infty) = (o)$$

61. Beispiel der Anschreibung.

Euklas								
M	o	(∞)	h	o $\tfrac{5}{6}$	$(\infty\,\tfrac{6}{5})$	a	$-$ 2 4	$-\,(\tfrac{1}{2}\,\tfrac{1}{4})$
T	o ∞	$(\infty\,o)$	g	$-$ 2 o	$-\,(\tfrac{1}{2}\,\infty)$	y	$-\,\tfrac{1}{6}\,\tfrac{5}{3}$	$-\,(6\,\tfrac{3}{5})$
Z	∞ o	$(o\,\infty)$	r	$+$ 1	$+\,(1)$			
o	∞ 2	$(o\,\tfrac{o}{2})$	i	$+$ 1 4	$+\,(1\,\tfrac{1}{4})$			

Axinit								
a	∞	(o)	π	o $\tfrac{1}{2}$	$(\infty\,2)$	o	$\bar{1}\,\bar{2}$	$(\bar{1}\,\tfrac{1}{2})$
μ	2 $\bar{\infty}$	$(\tfrac{o}{2}\,\bar{o})$	e	o $\bar{1}$	$(\infty\,\bar{1})$	ξ	$\tfrac{\bar{1}}{6}\,\tfrac{1}{2}$	$(\bar{6}\,2)$

62. Eintragen der Flächenlinien in das Projectionsbild.

Wir finden die Flächenlinie für (a b), indem wir von O aus a_0 a mal auf A, b_0 b mal auf B auftragen und die Endpunkte a und b verbinden. Dabei

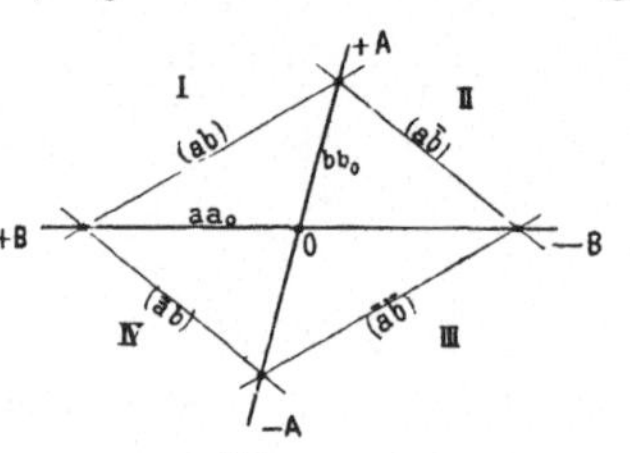

Fig. 72.

werden ausnahmsweise die $+$ a nach hinten, die $+$ b nach links gezählt. Liegt eine Fläche oben-vorn-rechts oder unten-hinten-links, so liegt ihre Projectionslinie hinten links u. s. w. Wir haben (Fig. 72) den ersten Quadranten (a b) hinten links, den zweiten (a $\bar{b}$) hinten rechts, den dritten ($\bar{a}\,\bar{b}$) vorn-rechts, den vierten ($\bar{a}$ b) vorn-links.

Diese ungewöhnliche Bedeutung der Vorzeichen von (a b) könnten wir vermeiden, wenn wir bei der Umwandlung der Symbole in die linearen die Zeichen umtauschten, doch dürfte dies letztere Verfahren die Quelle grösserer Fehler sein.

Auch soll eine Form, die wir positiv nennen, die also p und q positiv hat, in ihrem linearen Symbol ebenfalls positiv erscheinen. (Vgl. **58**.)

63. Eintragen der Prismenlinien.

Alle Prismenlinien gehen durch den Coordinatenanfang o; ihre Richtung ist durch das Symbol gegeben. Das Prismen-Symbol besteht aus zwei Brüchen mit dem Zähler o, z. B.: $\left(\frac{o}{2}\ \frac{o}{3}\right)$ allgemein $\left(\frac{o}{m}\ \frac{\pm o}{n}\right)$.

Die Linie $\left(\frac{o}{m}\ \frac{o}{n}\right)$ ist eine Parallele der Flächen-

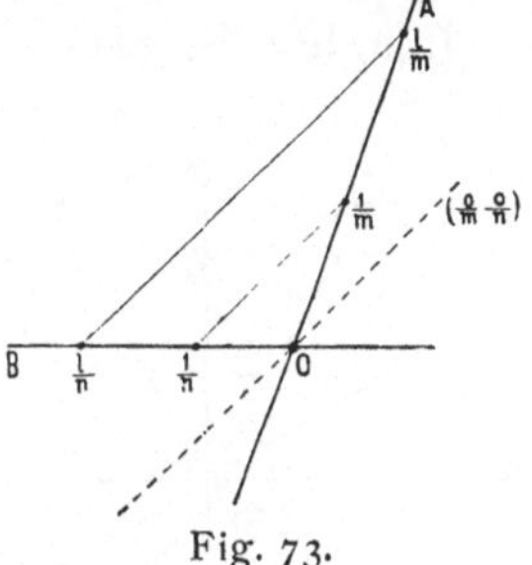

linien $\left(\frac{1}{m}\ \frac{1}{n}\right)$ durch den Coordinatenanfang. Um daher die Prismenlinie zu finden, legt man irgend eine Flächen-

linie $\left(\frac{1}{m}\ \frac{1}{n}\right)$ an und zieht mit ihr die Parallele durch den Coordinatenanfang o. (Fig. 73.)

Fig. 73.

Beispiel. Gesucht die Prismenlinie $\left(\frac{o}{2}\ \frac{o}{3}\right)$. Man sucht die Flächen-

linie $\left(\frac{1}{2}\ \frac{1}{3}\right)$ oder $\left(1\ \frac{2}{3}\right)$ oder $(3\,2)$ oder $(6\,4)$, d. h. man trägt aus o auf der A-Axe $o\,a = 6$, auf der B-Axe $o\,b = 4$, oder $o\,a = 3$, $o\,b = 2$ in den resp. Einheiten a_0 und b_0 auf, legt das Dreieck an $a\,b$ und zieht die Parallele durch o; diese Parallele ist die Prismenlinie $\left(\frac{o}{2}\ \frac{o}{3}\right)$.

64. Eintragen der Kantenpunkte.

Eine Kante ist der Schnitt zweier Flächen. Ein Kantenpunkt, das ist der Projectionspunkt der Kante, ist der Schnittpunkt zweier Flächenlinien. Alle Flächen einer Zone schneiden sich in parallelen Kanten oder, nach Verschiebung aller in den Krystallmittelpunkt, in einer gemeinsamen Kante, der Zonenaxe. Somit gehen die Projectionslinien (Tracen) aller Flächen einer Zone durch denselben Kantenpunkt, der zugleich die Zone repräsentirt und deshalb statt Kantenpunkt auch wohl Zonenpunkt heisst.

Das Eintragen des Kantenpunktes geschieht deshalb aus dem Schnitt zweier Flächenlinien, denen er angehört. Ist der Schnitt schief, so trägt man den Punkt besser aus den Coordinaten auf. Die Coordinaten des Kantenpunktes, gemessen in den Einheiten a_0 und b_0, bilden das lineare Kantensymbol $[a\,b]$. Es berechnet sich aus den linearen Symbolen zweier Flächen $(a_1\,b_1)$ und $(a_2\,b_2)$, welche die Kante $[a\,b]$ einschliessen, nach den Formeln

$$\begin{cases} [a] = \dfrac{a_1\,a_2\,(b_2 - b_1)}{a_1\,b_2 - a_2\,b_1} \\[2ex] [b] = \dfrac{b_1\,b_2\,(a_1 - a_2)}{a_1\,b_2 - a_2\,b_1} \end{cases}$$

oder aus den polaren Symbolen nach den Formeln: (vgl. Index S. 23)

$$\begin{cases} [a] = \dfrac{q_1 - q_2}{q_1\,p_2 - q_2\,p_1} \\[2ex] [b] = \dfrac{p_1 - p_2}{p_1\,q_2 - p_2\,q_1} \end{cases}$$

Ist das Kantensymbol $[a\,b]$ bekannt, so findet man seinen Projectionspunkt, indem man von o aus nach o A die Einheit a_0 a mal, daran OB die Einheit b_0 b mal aufträgt. Auch hier wieder $+$ nach links und hinten. (Fig. 74.)

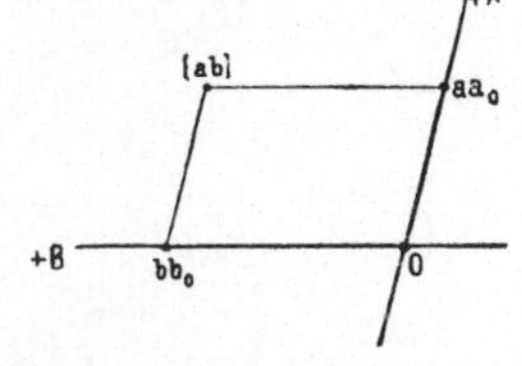

Fig. 74.

65. Hexagonales System. Eintragung der Flächenlinien.

Im hexagonalen System ist zu berücksichtigen, dass die zusammengehörigen linearen Halbaxen sich nicht unter 60^0, sondern unter 120^0 schneiden (vgl. Index S. 33).

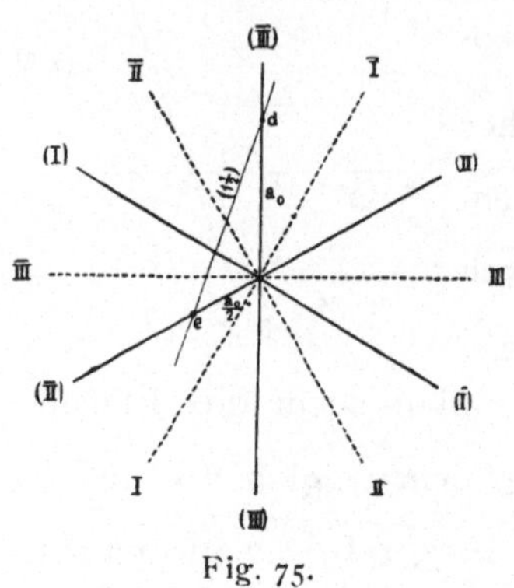

Fig. 75.

Es sind unter sich zu combiniren die Halbaxen (I) (II) (III), ebenso $(\bar{\mathrm{I}})$ $(\bar{\mathrm{II}})$ $(\bar{\mathrm{III}})$ (Fig. 75).

So entsteht z. B. eine Flächenlinie $12 = (1\frac{1}{2})$ durch Auftragen von 1 auf $(\bar{\mathrm{III}})$, $\frac{1}{2}$ auf $(\bar{\mathrm{II}})$ und Ziehen der Verbindungslinie d e (Fig. 75), nicht aber durch Auftragen auf (I) und $(\bar{\mathrm{II}})$. Die Gesammtform (12seitige Pyramide) $12 = (1\frac{1}{2})$ bringt 12 Linien ins Bild durch die Combination (I) (II), (II) (I); (II) (III), (III) (II); (III) (I), (I) (III) und ausserdem $(\bar{\mathrm{I}})$ $(\bar{\mathrm{II}})$, (II) $(\bar{\mathrm{I}})$; $(\bar{\mathrm{II}})$ $(\bar{\mathrm{III}})$, $(\bar{\mathrm{III}})$ $(\bar{\mathrm{II}})$; $(\bar{\mathrm{III}})$ $(\bar{\mathrm{I}})$, $(\bar{\mathrm{I}})$ $(\bar{\mathrm{III}})$. Die Nummern ohne Klammern bezeichnen in Fig. 75 die Polar-Axen.

Wir sehen an diesem Beispiel zugleich, wie sehr durch das Eintragen dieser einen Gesammtform das Bild gefüllt wird. Diese Ueberfüllung und die daraus entstehende Unklarheit ist ein grosser Nachtheil der Linearprojection gegenüber der durchsichtigen Polarprojection.

Beispiele für die Anwendung der Linear-Projection.

Unsere Constructionen bezogen sich fast ausschliesslich auf die gnomonische und die stereographische Projection; sie genügen aber zugleich für die euthygraphische und die cyklographische Projection, wenn nur für diese die Eintragungen der Linien und Punkte aus den Symbolen und Elementen richtig gemacht oder aus dem polaren Bild richtig hergeleitet sind. Für beides wurden die Wege gezeigt. Es ändern sich gegenüber den polaren Projectionen nicht die graphischen Operationen, sondern nur die Bedeutung der Punkte und Linien.

Zur Orientirung in dieser veränderten Bedeutung werden hier einige Beispiele für Verwendung der Linear-Projection gegeben. Sie hat besonders dann einzutreten, wenn mit ebenen Winkeln operirt wird.

66. Aufgabe. Gegeben: Ausser den Linearelementen eines Krystalls zwei Flächen F_1 F_2 (Fig. 76 Horizontalprojection) mit den Kanten k_1 k_2 durch ihre Symbole p_1 q_1 und p_2 q_2 oder $(a_1 b_1)$ und $(a_2 b_2)$. Eine Fläche F_3 von unbekanntem Symbol bilde mit F_1 und F_2 die Kanten k_2 und k_1. Es seien gemessen die ebenen Winkel $k_2 k_3 = \varphi_1$; $k_3 k_1 = \varphi_2$; $k_1 k_2 = \varphi_3$.

Gesucht: Das Symbol der Fläche F_3.

Auflösung. Man zieht aus den gegebenen Linearelementen die Grundlinien der euthygraphischen Projection, mit den Axen A B (Fig. 77) und dem Grundkreis und trägt die Flächenlinien F_1 F_2 aus ihren Symbolen $(a_1\,b_1)$ $(a_2\,b_2)$ ein (vgl. **59**). Sind statt dessen die polaren Symbole $p_1\,q_1$ und $p_2\,q_2$ gegeben, so nimmt man deren reciproke Werthe $(a_1\,b_1) = \left(\frac{1}{p_1}\,\frac{1}{q_1}\right)$ und $(a_2\,b_2) = \left(\frac{1}{p_2}\,\frac{1}{q_2}\right)$ (vgl. **60, 61**). F_1 und F_2 schneiden sich in k_3, dem Projectionspunkt der Kante k_3. Man sucht nun die Winkelpunkte n_1 von F_1 und n_2 von F_2 (nach Aufg. **32**), trägt von k_3 mit Hilfe der Winkelpunkte φ_1 und φ_2 auf und findet dadurch k_1 auf F_2 und k_2 auf F_1. Die Verbindungslinie $k_1\,k_2$ ist die Projectionslinie der Fläche F_3, da ihr die Kantenpunkte $k_1\,k_2$ angehören. Die Parameter (Axenabschnitte auf A und B) geben das lineare Symbol von F_3, die reciproken Werthe davon das polare Symbol.

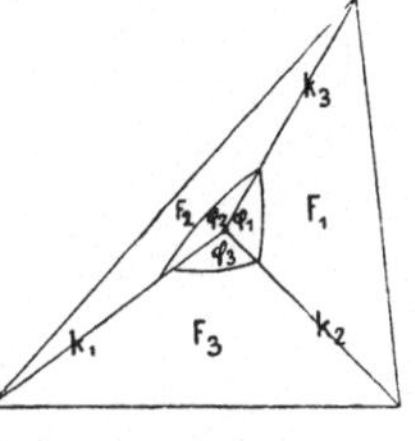

Fig. 76.

In unserer Figur ist:

$$F_1 = \tfrac{\overline{2}}{3}\,2 = (\tfrac{\overline{3}}{2}\,\tfrac{1}{2})$$
$$F_2 = \overline{1}\,2 = (\overline{1}\,\tfrac{1}{2})$$
$$F_3 = 2\,\overline{1} = (\tfrac{1}{2}\,\overline{1})$$

Controle. Wir suchen den Winkelpunkt n_3 von F_3 auf. Der von da aus gemessene Winkel $k_1\,k_2$ muss gleich dem gegebenen $\angle\ \varphi_3$ sein. In der Messung dieses dritten Winkels liegt eine controlirende Ueberbestimmung.

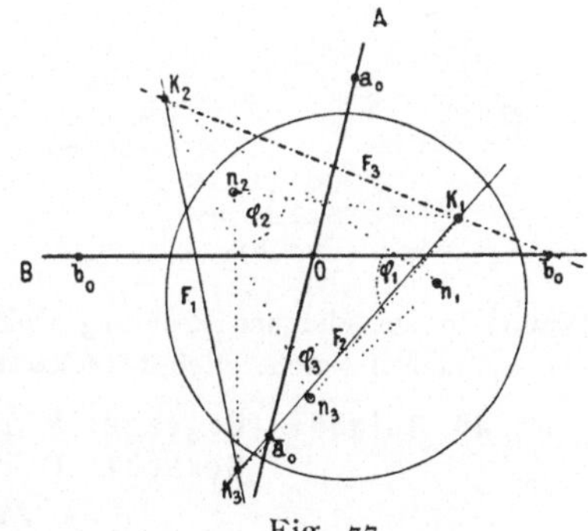

Fig. 77.

Anmerkung. Beim Auftragen ist genau darauf zu achten, nach welcher Seite von k_3 die Winkel $\varphi_1\,\varphi_2$ zu legen seien. Aufschluss darüber giebt eine Betrachtung des vorliegenden Krystalls. Die Richtigkeit der Eintragung wird bestätigt durch Ausmessen des Winkels φ_3. Ueberhaupt ist bei diesen Constructionen stets Vorsicht nöthig, damit man nicht den Winkel mit seinem Supplement verwechselt.

67. Aufgabe. Gegeben: Zwei Flächen $A_1\,A_2$ (Fig. 78) mit Kante a_3. Eine dritte A_3 liege mit A_3 in einer Radialzone, d. h. die Kante a_1 zwischen beiden laufe horizontal. Gemessen der Winkel a_1 zwischen a_3 und a_2.

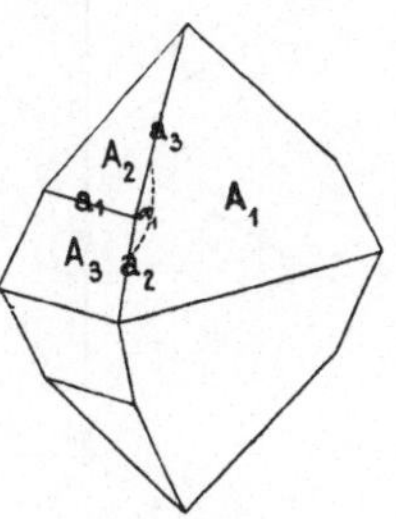

Fig. 78.

Gesucht: Das Symbol der Fläche A_3.

Auflösung. Man trägt in das euthygraphische Bild die Flächenlinien $A_1\,A_2$ (Fig. 79). Ihr Schnitt ist der Kantenpunkt a_3. Wir suchen den Winkelpunkt n_1 von

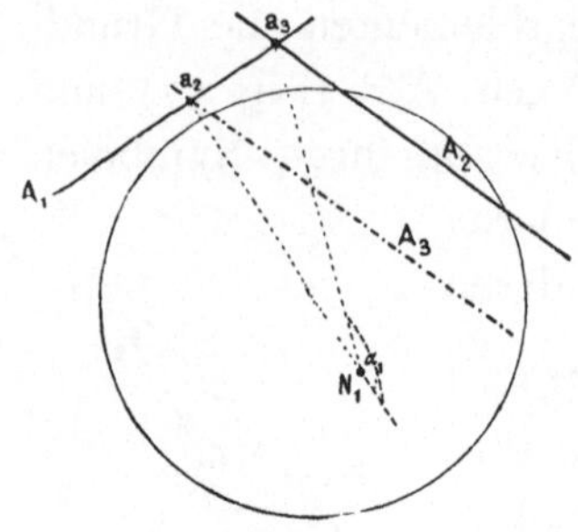

Fig. 79.

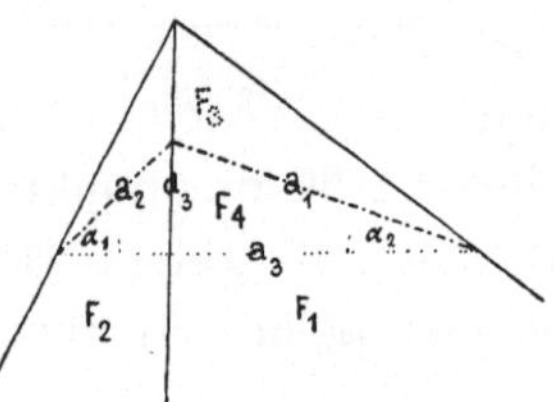

Fig. 80.

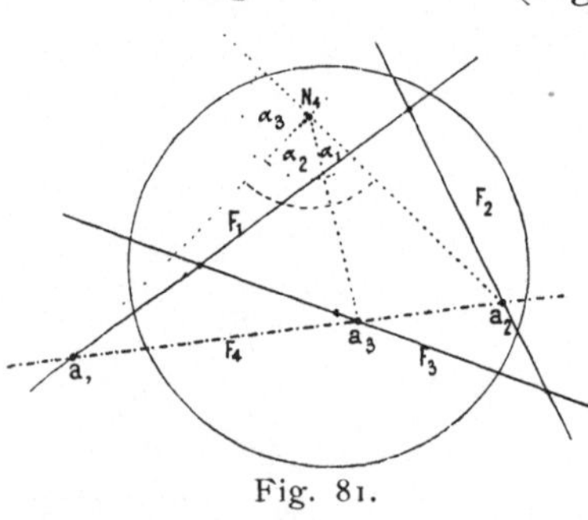

Fig. 81.

A_1 und mit dessen Hilfe den Kantenpunkt a_2, der von a_3 nach rechts um α_1, also nach links um $180 - \alpha_1$ absteht. Die Parallele mit A_2 durch a_2 ist die gesuchte Flächenlinie A_3; ihre Parameter geben das lineare, die reciproken Werthe derselben das polare Symbol.

68. Aufgabe. Gegeben: Durch Elemente und Symbol drei Flächen F_1 F_2 F_3, die durch eine vierte Fläche F_4, ebenfalls von bekanntem Symbol, geschnitten werden (Fig. 80).

Gesucht: Die Gestalt (Umgrenzung) des Schnittes, d. h. die ebenen Winkel der den Schnitt begrenzenden Kanten.

Auflösung. Wir tragen in das Projectionsbild (Fig. 81) die Flächenlinien F_1 F_2 F_3 F_4, so ist a_1, der Schnitt von F_1 F_4 der Punkt der Kante a_1 zwischen den Flächen F_1 F_4 u. s. w. Da a_1 a_2 a_3 auf derselben Flächenlinie F_4 liegen, so haben sie einen gemeinsamen Winkelpunkt N_4. Wir suchen ihn auf (nach **32**) und messen von ihm aus die Winkel a_2 $a_3 = \alpha_1$; a_3 $a_1 = \alpha_2$ und a_1 $a_2 = \alpha_3$.

Beim Abmessen der Winkel muss man sich hüten, die Winkel nicht mit ihren Supplementen zu verwechseln. Als Anhalten hat dabei zu dienen, dass die Winkel in der gleichen Richtung weiter zu zählen sind, also von a_2 nach a_3, dann a_3 nach a_1 und a_1 nach a_2, nicht wieder rückwärts über a_3. Dabei muss $\alpha_1 + \alpha_2 + \alpha_3 = 180°$ sein.

69. Aufgabe. Gegeben: Für ein Rhomboeder $1 = (1)$ das Element a_0.
Gesucht: Der ebene Winkel α der Polkanten.

Auflösung. Man zieht die Linearaxen und den Grundkreis und trägt die Flächenlinien von $1 = (1)$ e f, f g, g e (Fig. 82) ein, wobei $oe = of = og = a_0$ der Radius des Grundkreises $= k = 1$ ist. Man sucht dann den Winkelpunkt n von e f, so ist e n f der gesuchte Winkel α. Die Winkel f g und e g müssen $=$ e f sein.

Beweis. e f g sind die Projectionspunkte der Polarkanten des Rhomboeders 1.

Zusatz. Man kann die Construction auch als Unterlage für die exakte Berechnung des Winkels α benutzen. Es ist:

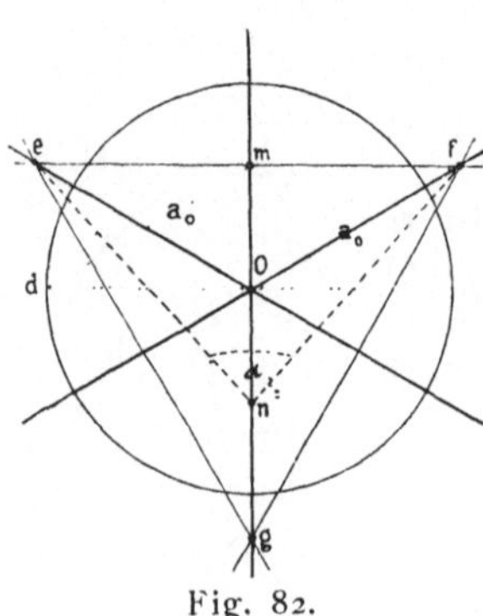

Fig. 82.

$$\operatorname{tg}\frac{\alpha}{2}=\frac{m\,f}{m\,n}\,;\quad m\,f=\frac{a_o}{2}\sqrt{3}\,;\quad m\,n=m\,d=\sqrt{m\,o^2+o\,d^2}=\sqrt{\left(\frac{a_o}{2}\right)^2+1}$$

$$\operatorname{tg}\frac{\alpha}{2}=\sqrt{\frac{3\,a_o^2}{a_o^2+4}}$$

Mit Hilfe der Projection ist hier die Berechnung des Winkels aus der sphärischen in die ebene Trignometrie übergeführt worden.

70. Aufgabe. Gegeben: Die Linearelemente eines triklinen Krystalls.
Gesucht: Die Lage des rhombischen Schnittes (R).

Der **rhombische Schnitt** ist nach vom Rath (Jahrb. Min. 1876. 690) für einen triklinen Krystall diejenige Ebene, welche man erhält durch Drehung der Basis (P) um die Queraxe b soweit, bis die Tracen der aufrechten Pinakoide o∞ (M) und ∞o (h) in ihr sich unter 90⁰ schneiden. (Fig. 83.)

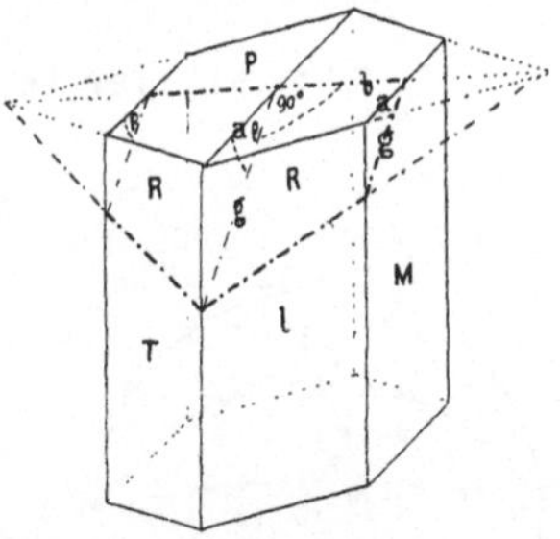

Die Lage des rhombischen Schnittes soll bestimmt werden:

A. Durch die Lage der Projectionslinie (Symbol).

B. Durch den ebenen Winkel a g = ρ der Kanten R M = g und M P = a. Der Winkel ρ hat eine gewisse Bedeutung, da er von Rath zur Charakterisirung der verschiedenen Plagioklasarten bei Zwillingen nach dem Periklingesetz vorgeschlagen ist.

Auflösung zu A. Man zieht, nach Auftragen der Grundlinien der Linearprojection des Krystalls aus den Elementen (nach **59**), aus dem Scheitelpunkt c eine Senkrechte auf die B-Axe und verlängert bis zum Schnitt g mit der A-Axe. Eine Parallele durch g mit B ist die Projectionslinie von R. (Fig. 84.)

Auflösung zu B. Man sucht den Winkelpunkt n der Flächenlinie M, zieht durch n eine Parallele n ⇀ a mit M, so ist g n ⇀ a der gesuchte Winkel ρ. (Fig. 84.)

Beweis. Der Beweis erscheint am übersichtlichsten in der cyklographischen Projection Fig. 85 und dem perspectivischen Bild Fig. 83. In beiden, sowie in Fig. 84, ist Entsprechendes mit gleichen Buchstaben bezeichnet. Die Bedeutung der Buchstaben ist aus den Figuren verständlich. Es soll die Trace g der Fläche M angehören und mit b den Winkel von 90⁰

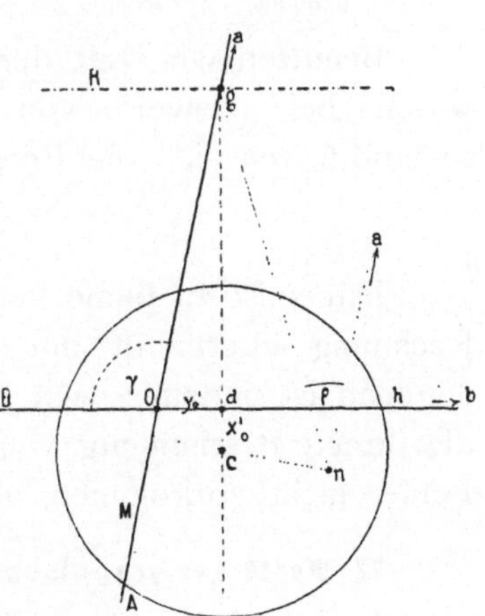

Fig. 83.

Fig. 84.

bilden. In der Projection soll demnach g auf der Flächenlinie M liegen und von den Kantenpunkten b b̄ um 90⁰ abstehen. Der Ort aller Punkte, die

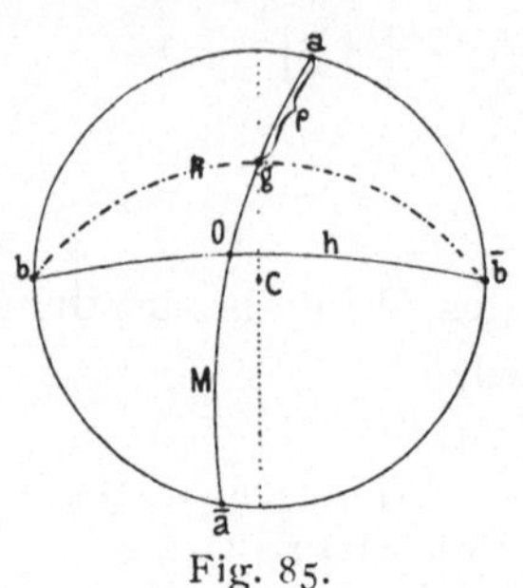

Fig. 85.

von b b̄ um 90⁰ abstehen, ist aber die Polare von b, die Senkrechte auf b b̄ und somit auch auf h durch den Scheitelpunkt c. g liegt also auf dieser und auf M.

Zusatz. Der Schnitt zwischen c g und M (Fig. 84) ist in den Fällen, in welchen die Aufgabe zur Anwendung kommt, sehr schleppend. Es ist deshalb vortheilhaft, mit einer kleinen Zwischenrechnung zu Hilfe zu kommen. Wir berechnen

$$d\,g = y'_o\,tg\,\gamma \quad \text{oder} \quad o\,g = \frac{y'_o}{\cos\gamma}$$

und bestimmen g durch Auftragen von o g oder von d g oder zur Controle durch beide. Die Ortsbestimmung von g ist auf diese Weise sehr genau (vgl. S. 22).

71. Rhombischer Schnitt. Berechnung der ebenen Winkel ρ = ag = Kantenwinkel PM:RM und σ = go = Kantenwinkel RM:Ml (Fig. 83) auf Grund des cyklographischen Projectionsbildes. (Fig. 86.)

Wir bezeichnen mit σ den Winkel o g der Trace g zur aufrechten Kante, dann ist

$$\boxed{\rho + \sigma = \beta}$$

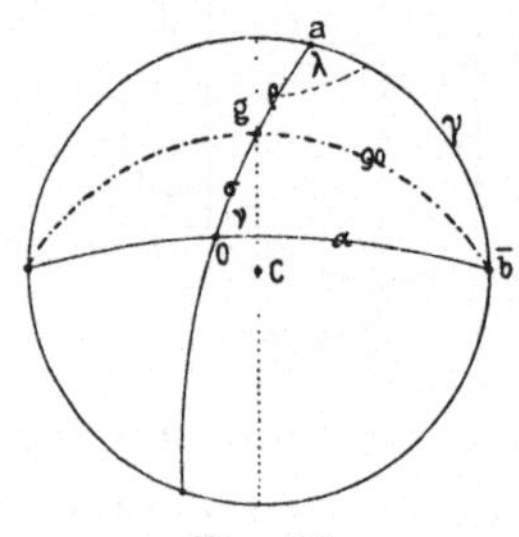

Fig. 86.

Ferner ist:

in dem rechtseitigen Dreieck b g a : $\boxed{ctg\,\rho = \cos\lambda\,tg\,\gamma}$
„ „ „ „ b g o : $\boxed{ctg\,\sigma = \cos\nu\,tg\,\alpha}$

Benutzen wir statt der Elementarwinkel λ μ ν deren Supplemente ABC, wie sie beispielsweise von Rath und anderen Autoren angegeben werden, so modificiren sich die Formeln zu:

$$ctg\,\rho = -\cos A\,tg\,\gamma$$
$$ctg\,\sigma = -\cos C\,tg\,\alpha.$$

Dabei ist zu bemerken, dass für die Feldspathe, für welche bisher diese Rechnung überhaupt nur angewendet wird, die Bestimmung von σ etwas ungenau ist, indem ν sich hart an der Grenze von 90⁰ bewegt. Es ist daher die directe Bestimmung von σ nur als Controle auszuführen, damit bei ρ grobe Fehler nicht vorkommen, alsdann ist σ aus β — ρ zu nehmen.

72. Werth der graphischen Bestimmung.

Um die Brauchbarkeit der Construction zu prüfen, wurden die Werthe von ρ bestimmt für: Anorthit, Albit und Periklin und zwar auf Grund der Elementarangaben von Rath und Kokscharow (Jahrb. Min. 1876. 696, 697. Pogg. Ann. 1872. **147.** 29). Die folgende Tabelle giebt die entsprechenden Werthe der Projection und das Resultat der Construction für ρ neben den hierfür von Rath gegebenen Werthen. Die Einheit bei der Construction war 10 cm.

Name.	k	x'_o	y'_o	γ	d g	ρ	
						graph.	berechn. Rath.
Anorthit	0·8969	—0·4386	—0·0561	91° 12	2·679	16	16˙
Albit	0·8916	—0·4471	—0·0713	87° 51·5	1·7064	31·4°	22
Periklin	0·8906	—0·4511	—0·0577	89° 13·3	4·2482	12·4°	13

Beim Anorthit und Periklin war die Uebereinstimmung gut. Beim Albit zeigte sich eine starke Differenz. $31·4^0$ statt 22^0, die sich bei Revision der Construction nicht beheben liess. Die Controle durch Rechnung ergab, dass in der That bei Rath ein Rechenfehler vorliege. Die Rechnung führt vielmehr für Albit auf:

$$\rho = 31° 29'.$$

Diese Correctur ist nicht ohne Bedeutung. Zunächst zieht sie eine Reihe weiterer Correcturen nach sich, nämlich:

Jahrb. Min. 1876. Seite 700[1]) Col. 7 lies: 75° 47 statt 75° 48

„   „   „   „   „   „   „   „   78° 49   „   79° $12^5/_6$

„   „   „   „   „   „   „   „   82° 25   „   82° $24^1/_4$

„   „   „   „   „   „   „   „   86° 50   „   86° $46^3/_4$

„   „   „   „   „   „   8   „   40° 55   „   12° $29^5/_6$

„   „   „   „   „   „   „   „   37° 53   „   15° $53^1/_2$

„   „   „   „   „   „   „   „   37° 17   „   19° 6

„   „   „   „   „   „   „   „   29° 52   „   23° $28^1/_2$

„   „   „   „   „   „   „   „   26° 42   „   24° $32^1/_3$

Ausserdem:

Jahrb. Min. 1876 Seite 696 Zeile 8 vo lies 31° 29' statt 21° 54'

„   „   „   „   „   „   9 „ }   „ $31^1/_2°$ ·   „   22° —'

„   „   „   „   705   „   8 vu }

Dieser Winkel von 22° ist durch Abschreiben in andere Schriften übergegangen und ist dort entsprechend zu corrigiren. Zum Beispiel:

Schuster Min. Petr. Mitth. 1880 3 154 Zeile 1 vu lies $31^1/_2$ statt 22.

Die Consequenzen gehen noch weiter. Rath benutzt die Uebereinstimmung der Beobachtung mit seiner Berechnung des Winkels $\rho = 22°$ als Stütze für sein Periklingesetz der Makrodiagonale. Nach Aenderung des berechneten Winkels ρ in 31°˙ fällt die Uebereinstimmung weg und aus der Bestätigung wird ein Grund gegen das Zwillingsgesetz. Die Lösung des Widerspruchs dürfte darin zu suchen sein, dass der Winkel $\gamma = 87° 51$ für den Albit zu klein gefunden ist; dass er in Wirklichkeit dem für den Periklin nahe kommt. So hat ihn auch Schuster gefunden (Min. Petr. Mitth. 1886. 7. 394), nämlich $\gamma = 89° 3'$. Aus Schuster's Elementen ergiebt sich der Winkel ρ zu 14° 24' (l. c. Seite 395).

------

[1]) In dieser Tabelle können zugleich die Correcturen vorgenommen werden:

Col. 1 lies: T:l statt T:1

„   4   „   90°   „   89° $51^1/_2$

„   5   „   93° 55 „   94° 55

„   7   „   90°   „   87° $50^2/_3$

Die Fehler bei Rath in Col. 7 und 8 sind offenbar auf folgende Weise entstanden. Es wurden zuerst die Werthe σ (Col. 7) berechnet. Diese sind aus dem oben angeführten Grund ungenauer als die von ρ; daher die Schwankungen. Aus σ wurde ρ (Col. 8) abgeleitet, doch hierbei der Winkel mit dem Supplement vertauscht und gebildet:

$$\rho = \beta - (180 - \sigma) \text{ statt } \rho = \beta - \sigma$$

93° 55' statt 94° 55' dürfte ein einfacher Druckfehler sein. Die Werthe 90° für 89° 51$\frac{1}{2}$ und 87° 50$\frac{2}{3}$ der letzten Zeile S. 700 ergeben sich schon aus S. 699, wo abgeleitet ist, dass für $T : l = 120°$ 14' das Prisma ein rhombisches ist. Für ein solches ist aber $\angle C = 90$ und ebenso die Neigung der Zwillingsebene zur Verticalaxe $= 90°$.

Das Beispiel vom rhombischen Schnitt (**70, 71, 72**) wurde ausführlich gegeben, weil es den schlagenden Beweis liefert von der Wichtigkeit des graphischen Arbeitens. Wo es so leicht geschehen kann, wie hier, und es sind die meisten graphischen Lösungen einfacher, als die durch Rechnung, empfiehlt es sich, mit Rechnung und Zeichnung zugleich vorzugehen. Es sind dann Fehler wie der vorliegende ausgeschlossen. Uebrigens ist es nicht nöthig, die ganze Rechnung graphisch zu führen, vielmehr genügt es, die Resultate graphisch zu prüfen.

Einige specielle Aufgaben.

Wir haben im Vorhergehenden die elementaren Aufgaben und Constructionen der Projection und der graphischen Krystallberechnung gegeben und wollen hier noch einige specielle Anwendungen zufügen, die an sich wichtig erscheinen und in Combination mit den elementaren Aufgaben das Gebiet der Anwendung unserer Methode erweitern. Es sind die folgenden Aufgaben behandelt:

> Transformation des Projectionsbildes,
> Graphische Umrechnung der Elemente,
> Projection von Zwillingen,
> Krystallzeichnen,
> Photographische Krystallmessung.

Wir geben für alles dies nur den allgemeinen Fall. Die Specialfälle ergeben sich daraus von selbst.

Transformation des Projectionsbildes.

73. Unter Transformation des Projectionsbildes verstehen wir die Verlegung aller Punkte des Projectionsbildes, wie sie hervorgerufen wird durch eine Veränderung in der Aufstellung des Krystalls unter Beibehaltung der Projectionsebene, oder, was auf dasselbe herauskommt, in einer Veränderung der Projectionsebene unter Beibehaltung der Aufstellung des Krystalls.

Veränderungen in der Aufstellung können bestehen:

> a. in Veränderung der Längenelemente $p_0\, q_0\, h$,
> b. in Drehungen.

ad a. Die Aenderungen der Längenelemente $p_0\, q_0$ verändern das Bild nicht, sondern nur die Symbole (vgl. Index Transf. d. Symb). Die Grösse von h ist ebenfalls nicht von Einfluss auf die gegenseitige Lage der Punkte, sondern nur auf den Gesammtmassstab des Bildes. Wir brauchen diese Aenderungen hier nicht zu berücksichtigen.

ad b. Bei den Drehungen nehmen wir die Projectionsebene (Papierebene) als fest an und denken uns unter derselben den Krystall gedreht, unter Beibehaltung des Mittelpunktes desselben. Wir können dann alle Drehungen zurückführen auf die folgenden zwei Arten:

A. Drehung des Krystalls um eine Axe senkrecht zur Projectionsebene (Horizontaldrehung).

B. Drehung .des Krystalls um eine Axe parallel der Projectionsebene (Umwälzung).

74. ad A. Horizontaldrehung.

Kommt es uns nur darauf an, das gedrehte Bild zu haben, so genügt eine Drehung des Papiers mit Allem, was darauf ist, um den gewünschten Winkel. Soll jedoch das gedrehte Projectionsbild zugleich mit dem ursprünglichen auf dem Blatt erscheinen, so haben wir folgende einfache Construction:

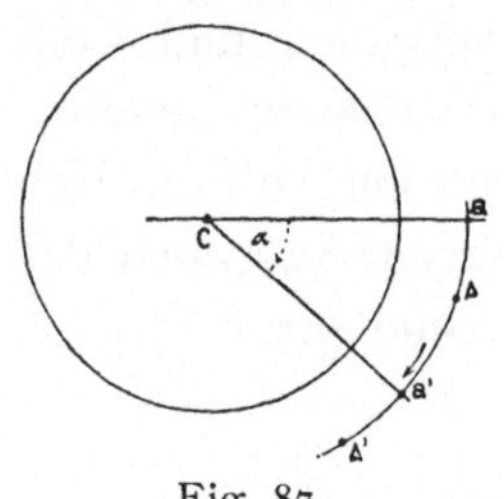

Fig. 87.

Aufgabe. .Es sei das Bild um den Winkel α nach rechts zu drehen, die neue Lage A' eines Punktes A zu finden. (Fig. 87.)

Auflösung. · Man legt in den Scheitelpunkt C den ∠ α, schlägt aus C durch A einen Kreisbogen, der auf den Schenkeln von α den Bogen a a' abschneidet und trägt auf diesem Bogen von A aus A A' = a a' auf. A' ist der Punkt in der neuen Lage.

75. ad B. Umwälzung.

Der Fall der Umwälzung ist etwas complicirter. Wir wollen, um uns leicht und kurz verständigen zu können, einige Begriffe einführen für Punkte

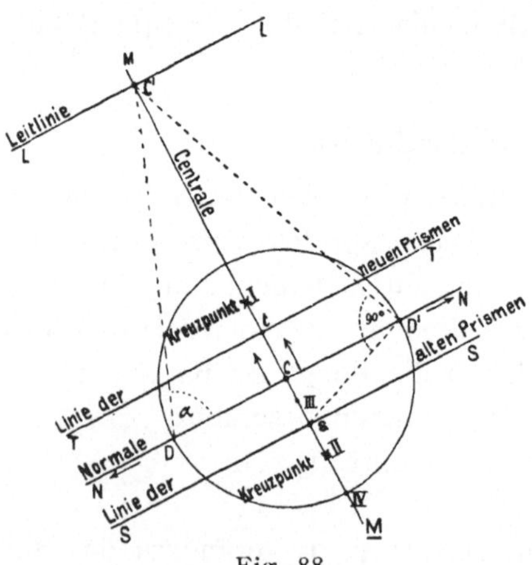

Fig. 88.

und Linien, die bei den folgenden beiden Constructionen eine Rolle spielen. Haben wir den Grundkreis um den Scheitelpunkt C beschrieben, so möge eine Umwälzung vorgenommen werden um eine Axe, die ‖ N N (Fig. 88) durch den Krystallmittelpunkt geht. Der Drehungswinkel sei = $α^0$ nach rückwärts in Richtung der Pfeile. Wir nennen N N die **Normale**; sie schneide den Grundkreis in D D'. In C senkrecht zu N N ziehen wir die **Centrale** MM. An D C, zur Controle auch an D'C, legen wir den Drehungswinkel α an. Der

zweite Schenkel desselben schneide die Centrale in C'. Wir machen C'D's = C'Ds = 90^0, Ct = Cs und ziehen durch C' die **Leitlinie** LL, durch t die **Linie der neuen Prismen**, durch s die **Linie der alten Prismen**, alle ‖ N N. Aus C' schneiden wir mit dem Bogen vom Radius C'D = C'D' in die Centrale bei **III** ein, aus t mit dem Radius tD = tD' in den **Kreuzpunkt II**; aus s mit sD = sD' in den **Kreuzpunkt I**. (Beim Construiren zeichne ich diese wichtigen Punkte, um sie rasch aufzufinden, durch ein Kreuz aus und wählte deshalb den Namen Kreuzpunkt. Man könnte ebensogut von Punkt I, Punkt II reden.) Den Schnitt der Centralen mit dem Grundkreis diesseits der Drehung bezeichnen wir mit **IV**.

Diese Linien und Punkte sind zuerst aufzutragen, bevor man an die Uebertragung einzelner Linien und Punkte in die neue Lage geht. Wir können sie zusammen als die Hilfslinien der Umwälzung bezeichnen. Mit ihnen hat es folgende Bewandniss:

Die Prismenpunkte wandern alle in die Gerade S S, während die Punkte von T T nach der Umwälzung zu Prismenpunkten werden, d. h. ins Unendliche rücken;[1]) die Punkte der Normalen N N begeben sich auf die Leitlinie L L. Die Punkte der Centrale M M bleiben auf dieser. I ist der Winkelpunkt von S S, II von T T, III von L L, IV von N N.

76. Aufgabe. Gegeben: Eine Zonenlinie Z.

Gesucht: Die verlegte Zonenlinie Z' nach Umwälzung um die Axe N N um den Winkel α.

A. I. Construction. Nachdem die Hilfslinien der Umwälzung eingetragen sind, verfahren wir folgendermassen (Fig. 89):

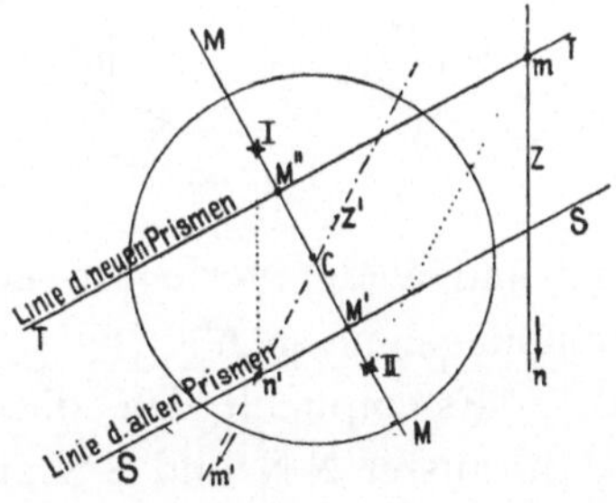

Wir verschieben Z parallel in den Kreuzpunkt I; diese Parallele schneide auf der Linie der alten Prismen S S in n' ein. Dann legen wir durch n' eine Parallele Z' mit II m, wobei m der Schnitt von Z mit der Linie der alten Prismen T T ist, so ist Z' die gesuchte verlegte Zonenlinie.

Fig. 89.

Beweis. Z ist definirt durch seinen Prismenpunkt n und den Punkt m auf T T. Der Prismenpunkt der Linie M M rückt nach M'; m als Prismenpunkt wird auf S S verlegt und zwar muss der Winkelabstand n' M' dem Winkelabstand n M gleich sein. Der Winkel zwischen den zwei Prismenpunkten M und n ist aber der Winkel zwischen ihren Richtungslinien m n und C M (vgl. **33**). Nun ist I der Winkelpunkt der Zone S S. Da M' I n' gleich dem Winkel zwischen C M und m n sein soll, so finden wir n', indem wir den Winkel M n durch Parallelverschiebung von m n nach I tragen.

Punkt m wird, wie alle Punkte von T T, in der neuen Lage zu einem Prismenpunkt m'. M'' rückt ins Unendliche an die Stelle von M. Während m nach m' ins Unendliche wandert und gleichzeitig M'' nach M, müssen beide Punkte ihren gegenseitigen Winkelabstand bewahren, d. h. es muss $\angle$ m' M $=$ $\angle$ m M'' sein. Es ist aber $\angle$ m M'' $=$ m II M'', da II der Winkelpunkt von T T ist. Es giebt daher II m die Richtung nach m' dem

---

[1]) Es bleibt nämlich der gemeinsame Prismenpunkt von L L, T T, N N, S S als Drehpunkt an seinem Ort und es ist $\angle$ s M $=$ s D M $=$ t M $=$ t D M $=$ C C' $=$ C D C' $=$ α, dem Umwälzungswinkel.

verlegten m Punkt und somit die Richtung der Zonenlinie Z'. Da diese ausserdem durch n' muss, so kann Z' nur die Parallele mit II m aus n' sein.

B. II. Construction. Die Zonenlinie Z schneide die Normale in m, so construiren wir folgendermassen (Fig. 90):

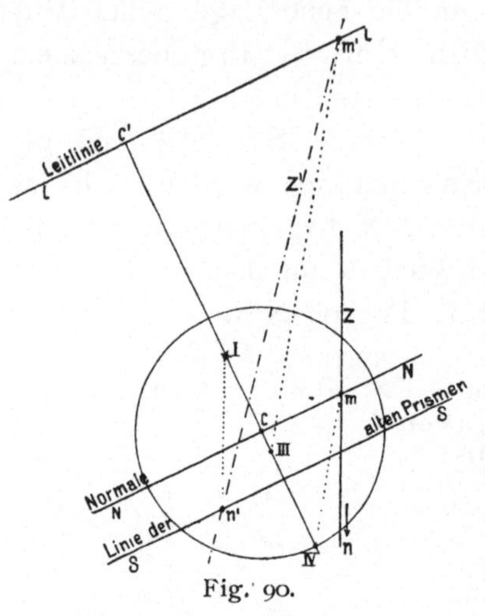

Fig. 90.

Wir suchen durch Parallelverschiebung mit Z durch I den Punkt n' wie oben; legen an IV m das Dreieck und verschieben parallel durch III bis zum Schnitt m' mit der Leitlinie. Die Verbindungslinie m' n' ist die verschobene Zonenlinie Z'.

Beweis. n rückt, wie oben nachgewiesen, nach n'. m, als auf der Normale liegend, schiebt sich auf die Leitlinie L L und zwar, da C nach C' geht, so, dass der Winkelabstand m' C' = m C ist. IV ist aber der Winkelpunkt der Normalen, III derjenige der Leitlinie, somit muss ∠ m' III C' = m IV C gemacht werden. Das geschieht durch Parallelverschiebung von IV m nach III m'. Da m' und n' der verlegten Zonenlinie Z' angehören sollen, so ist Z' die Verbindungslinie m' n'.

Es empfiehlt sich, die Zeichnung für beide Constructionen vorzubereiten, d. h. ausser N N und S S auch T T und L L zu ziehen, und eine von beiden, je nach Bedarf, anzuwenden, nämlich jede für die Fälle, wo sie die besseren Schnitte giebt. In der Regel ist die Construction I vorzuziehen, da die Schnitte mit L leicht ausserhalb des Bildes zu liegen kommen.

77. Specialfall. Umwälzung um 90°.

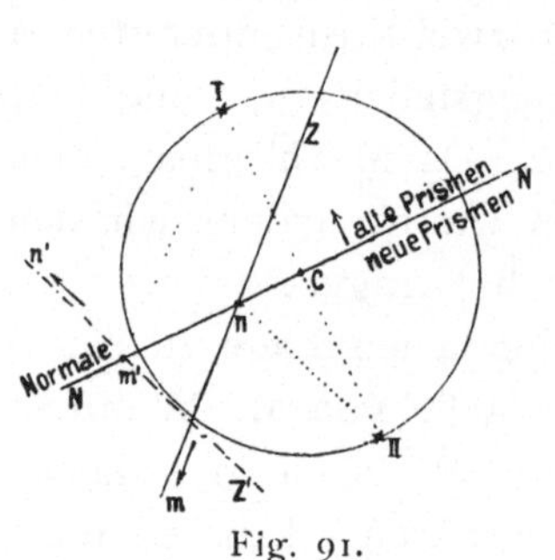

Fig. 91.

In diesem Falle wird die Normale N N (Fig. 91) zur Zone der alten und zugleich der neuen Prismen, die Kreuzpunkte I und II rücken in die Peripherie des Grundkreises und es vereinfacht sich die Construction.

Aufgabe. Es sei die Zonenlinie Z zu transformiren.

Auflösung. m sei ihr unendlich ferner Punkt, n ihr Schnitt mit der Normalen N N. Der Punkt m' für m kommt auf N N zu liegen, n wandert nach n' ins Unendliche. Man geht nun durch I ‖ Z und findet den Schnitt m' mit N N, darauf ‖ n II durch m'. Diese Parallele ist die transformirte Zonenlinie Z'.

Die Transformation des Projectionsbildes durch Umwälzung ist von besonderer Wichtigkeit. Wir begegnen ihr bei der graphischen Umrechnung der Elemente (**78**), bei der Abbildung von Zwillingsbildern, bei der Ableitung des perspectivischen Bildes aus dem Projectionsbild (Krystallzeichnen) (**92**) und in vielen hier nicht behandelten Fällen.

Graphische Umrechnung der Elemente für veränderte Aufstellung.

Die Veränderung der Aufstellung kann definirt sein, entweder durch die Identification einiger Symbole für die alte und für die neue Aufstellung, oder durch das Transformations-Symbol. Beide Fälle lassen sich auf einander zurückführen (vgl. Index **1.** 87 ff.). Wir wollen den letzteren Fall annehmen, der den ersteren umschliesst, so lautet die Aufgabe:

78. Gegeben: Die Elemente der Aufstellung (A) und das Transformations-Symbol (A) in (B).

Gesucht: Die Elemente der Aufstellung (B).

Wir wollen für die Auflösung sogleich ein bestimmtes Beispiel nehmen und zwar wollen wir ein solches wählen, das wegen seiner Complicirtheit zugleich den allgemeinen Fall giebt. Die specielle Aufgabe soll lauten:

Gegeben: Für den Axinit die Elemente der Aufstellung Gdt. des Index (**1.** 271), nämlich:

$p_0 = 1\cdot2919$	$\lambda = 89° 55$	$x_0 =\ \ \ \ 0\cdot2186$
$q_0 = 1\cdot0085$	$\mu = 77° 30$	$y_0 = -\ 0\cdot0015$
$r_0 = 1$	$\nu = 97° 46$	$h =\ \ \ \ 0\cdot9759$

und die Transformations-Symbole:

$$\text{I.}\quad pq\ (\text{Gdt.}) = \frac{p+q+2}{p+q-1}\quad \frac{3(p-q)}{p+q-1}\quad (\text{Rath})$$

$$\text{II.}\quad pq\ (\text{Rath}) = \frac{p+2+q}{2p-2}\quad \frac{p+2-q}{2p-2}\quad (\text{Gdt.})$$

Gesucht: Die Elemente der Aufstellung von Rath (Pogg. Ann. 1866. **128.** 29).

Auflösung. Die graphische Lösung der Aufgabe besteht darin, dass wir das Projectionsbild der Aufstellung (Gdt.) durch Transformation (nach **73—77**) in das Projectionsbild der Aufstellung (Rath) überführen. In dem neuen Projectionsbild können wir dann, nachdem die verlegten Flächenpunkte gemäss der durch das Transformations-Symbol gegebenen Identification ihre Symbole erhalten haben, die Maasse der Längen- und Winkelelemente abstechen.

Die Transformation des Projectionsbildes besteht, wie wir gesehen haben (**73**), in Horizontaldrehung und Umwälzung. Die Horizontaldrehung

(74) ist für die Abmessungen des Bildes ohne Einfluss. Diese werden nur verändert durch die Umwälzung **(75)**. Um letztere richtig ausführen zu können, genügt es, zu wissen, welche alte Zonenlinie zur neuen Prismenlinie wird und hierfür wieder reicht es aus, zu wissen, welche Flächen die Symbole o∞ (o1o) und ∞o (1oo) annehmen. Um nach vollzogener Umwälzung die Elemente abmessen zu können, müssen im Bild auftreten der Coordinaten-Anfang o (oo1) und zwei Flächenpunkte o p und p o, am einfachsten o1 und 1o. Bevor wir an die Umwälzung des Bildes gehen, haben wir daher festzustellen, welche Symbole (Gdt.) zu o . ∞ o · o ∞ · 1o und o1 werden. Das ergiebt sich aus dem Transformations-Symbol II.

$$\text{z. B.:} \quad \text{o1 (Rath)} = \frac{o+2+1}{o-2} \quad \frac{o+2-1}{o-2} = \frac{3}{2}\ \frac{\bar{1}}{2}\ \text{(Gdt.)}$$

Soweit diese Formen nicht bekannt sind und Buchstabenbezeichnungen führen, belegen wir sie mit Buchstaben. Die folgende Tabelle giebt das Resultat dieser Transformation, wie es theilweise aus der Tabelle Index 1. 274, 275 ersichtlich ist:

Buchst.	Y (c)	b	s	[ω]	a (y)
Gdt.	$\bar{1}$	$\infty\bar{\infty}$	$\frac{1}{2}$	$\frac{3}{2}\ \frac{\bar{1}}{2}$	∞
Rath	o	o ∞	∞ o	o 1	1 o

Nun tragen wir in unser Bild (Fig. 92) die Grundlinien der Projection (nach 1) mit den oben angeführten Elementen (Gdt.) und die Flächenpunkte

$$Y = \bar{1} \quad b = \infty\bar{\infty} \quad s = \tfrac{1}{2} \quad \omega = \tfrac{3}{2}\tfrac{\bar{1}}{2} \quad a = \infty.$$

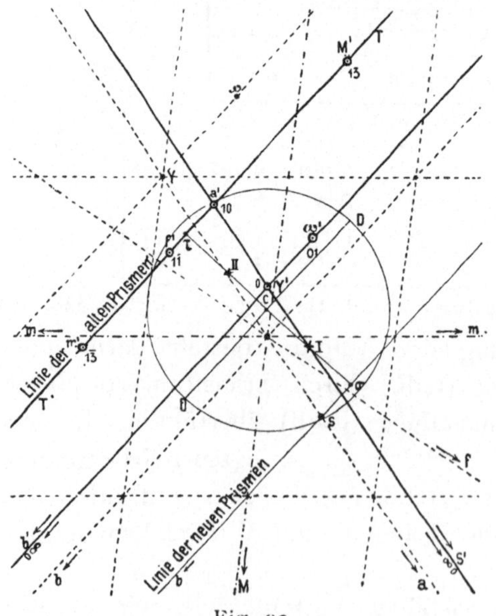

Fig. 92.

Da s zu ∞ o, b zu o ∞ werden soll, so wird s b zur neuen Prismenzone. Wir bezeichnen daher im Bild die Linie s b als Linie der neuen Prismen. Nun completiren wir die Hilfslinien der Umwälzung, indem wir C σ ⊥ s b ziehen, c τ = c σ machen und durch τ eine Parallele mit s b legen. Diese Parallele T T ist die Linie der alten Prismen, in sie müssen die Prismenpunkte der ersten Aufstellung (Gdt.) fallen, also b a und andere. Ausserdem ziehen wir die Normale D D durch C und schneiden von σ und τ aus mit den Bögen σ D und τ D die Kreuzpunkte II und I ein. Nun sind die Hilfslinien fertig und wir können nach **76** die Uebertragung vornehmen.

Ist diese ausgeführt, so erscheinen Y ω a an ihren neuen Orten Y' ω' a' und erhalten die neuen Symbole, ebenso sind b und s als Pinakoide in der neuen Lage durch ihre Richtungen —➤ b' und —➤ s' gegeben. Scheitelpunkt C und Grundkreis sind dieselben geblieben.

Wir können nun direkt aus dem Bild die neuen Elemente abstechen, nämlich:

$$p'_o = Y'a' \qquad q'_o = Y'\omega' \qquad \lambda' = \angle\, Y'b' \qquad \mu' = \angle\, Y's' \qquad \nu' = \angle\, b's' = \angle\, b'Y's'$$

(Ueber das Ablesen der Winkel s. **32, 33, 34**). Noch ist zu berücksichtigen, dass sich auch die Einheit r_0 verändert hat. Die neue Einheit r'_0 ist die Hypothenuse in dem rechtwinkligen Dreieck, dessen eine Seite Y'C und die andere der Radius des Grundkreises h ist. Die neuen Werthe x_0 und y_0 sind die Coordinaten von Y' aus C, und zwar y_0 in der Richtung Y'b', x_0 senkrecht darauf. Auf die neue Einheit sind die Abmessungen zu beziehen, d. h. durch deren Längenzahl die andern Längenzahlen zu dividiren.

In Fig. 92 sind die Linien des ursprünglichen Bildes (Gdt.) punktirt, die des abgeleiteten Bildes sowie die Constructionslinien ausgezogen, die Punkte der ersten Aufstellung ausgefüllt, die der zweiten hohl gelassen und deren Buchstaben mit einem Index (') versehen. Bei der praktischen Ausführung empfiehlt es sich, für die verschiedenen Theile des Bildes verschiedene Farben zu nehmen, Aufstellung I schwarz, II roth, Constructionslinien blau. Vor Einführung von Farben zeichnet man die Ringel der Punkte der Aufstellung II durch Fahnen aus.

Ausser den nöthigen fünf Punkten empfiehlt es sich, zur Controle noch mindestens zwei bis drei Punkte in ihre neue Lage überzuführen. Als solche bieten sich alsbald die Pinakoide der alten Aufstellung, die Punkte 1 · 1ī u. s. w. Jedesmal soll p_0 und q_0 durch eine Abmessung an anderer Stelle, o durch Einschneiden vermittelst einer Zone controlirt werden. Je reichlicher die Controle, desto grösser, bis zu einer gewissen Grenze, ist die Zuverlässigkeit und Exaktheit.

Um das neue Bild in normaler Stellung zu erhalten, müssen wir das Papier in seiner Ebene so drehen, dass die neue Richtung o:o∞ = Y'b' links-rechts läuft und die Symbole + + vorn rechts liegen. Das ist nicht immer möglich, so nicht in unserem Axinit-Beispiel. Ist nämlich auch die gewünschte Zone zur Prismenzone geworden, d. h. stehen die Prismenflächen in der neuen Aufstellung wirklich vertical und liegen ihre Projectionspunkte im neuen Bild im Unendlichen, so kann es doch vorkommen, dass die Aufstellung des Krystalls noch nicht die richtige ist, sondern, dass eine Aufstellung gefordert wird, bei der der Krystall gegen die hier gewonnene Aufstellung um eine horizontale Axe (Normale zu einer Prismenfläche) um 180⁰ gedreht ist. Zu dieser Ueberführung hätten wir noch eine Umwälzung zu machen wie bei dem entsprechenden Specialfall der Zwillingsbilder **81**.[1] Wir hätten zu dem Bild nach einer beliebigen Centralen das Spiegelbild abzuleiten. Welche Centrale wir nehmen, ist für unsern Fall gleichgiltig. Das Resultat wird dasselbe, wenn wir nur nachträglich, was wir ja doch thun müssen, das Papier in geeigneter Weise drehen.

---

[1] Vgl. Krystallogr. Projectionsbilder Taf. XIX. Albitgesetz.

Kommt es uns nicht darauf an, ein richtiges Projectionsbild zu haben, sondern nur, die Elemente auszumessen, so ist die Umwandlung ins Spiegelbild überflüssig. Wir können im Spiegelbild dasselbe ausmessen, wie im Bild selbst, müssen nur, um Winkel und Supplement nicht zu verwechseln, darauf achten, dass der Winkel λ wirklich von o über o1 (nicht über o$\bar{1}$) nach o∞ läuft, μ von o über 10 (nicht über $\overline{1}$o) nach ∞o gemessen wird und dass ν zwischen 10·o·o1 oder $\overline{10}·o·o\overline{1}$ liegt, nicht aber zwischen 10·o·o$\overline{1}$ oder $\overline{1}$o·o·o1. Die Längenmasse sind in Bild und Spiegelbild die gleichen.

Um ein Bild von der Genauigkeit dieser Art von Bestimmung zu geben, mögen hier die erlangten Resultate neben die gerechneten von Rath gestellt werden.

	p_0	q_0	λ	μ	ν	x_c	y_0	h	d
Construirt	0·824	0·521	82°43	82°19	75°40	0·101	0·127	0·981	0·161
Aus Rath's Angabe berechnet	0·823	0·525	82°40	82°06	75°11	0·108	0·127	0·986	0·167

Der Massstab wurde möglichst gross gewählt; die Einheit $r_0 = 10$ cm. Die Uebereinstimmung ist wohl als recht befriedigend anzusehen. Wenn auch durch das graphische Verfahren hier wie in allen Fällen die Exaktheit der Rechnung nicht erzielt wird, so gewährt es dagegen eine schöne Controle zur Vermeidung grober Fehler. In vielen Fällen reicht aber auch die Genauigkeit des graphischen Verfahrens aus.

Ableitung von Zwillingsbildern.

Ein Krystall wird gegen die normale Aufstellung in Zwillingsstellung gebracht, indem man ihn um eine bestimmte Axe um 180° dreht. Diese Axe nennen wir Zwillings-Axe. Wir legen sie durch den Krystallmittelpunkt. Eine Ebene senkrecht zu ihr heisst Zwillings-Ebene. Zwillingsbilder nennen wir solche, in denen der Krystall in ursprünglicher Stellung und eine zweiter gleicher zugleich in Zwillingsstellung abgebildet ist. Wir machen die Bilder in der Weise, dass der eine Krystall in der ursprünglichen Stellung belassen, der zweite in Zwillingsstellung gedreht ist. Es ist noch eine zweite Art üblich, nämlich die, dass die Zwillingsebene aufrecht gestellt von vorn nach hinten läuft. Wir werden diese anhangsweise betrachten. In der Natur kommt ausser der Zwillingsebene noch die Verwachsungsebene in Betracht. Die gemeinsame Angabe von Zwillingsebene und Verwachsungsebene heisst das Zwillingsgesetz. Bei unseren substituirenden Projectionen kann die Verwachsungsebene nicht berücksichtigt werden.

79. Aufgabe. **Gegeben**: Eine Fläche A und die Zwillingsebene U in gnomonischer Projection (Fig. 93).

Gesucht: Der Punkt Al der Fläche A in Zwillingsstellung
(Zwillingspunkt).

I. Construction.[1]) Man zieht die Zonenlinie Z durch A U, sucht den Winkelpunkt N derselben und trägt den Winkel A U über U hinaus auf, so dass $\angle$ A N U = U N Al, so ist Al der gesuchte Punkt.

Beweis. Legen wir eine Ebene durch die Zwillingsaxe U und die Normale a zur Fläche A, die beide vom Krystallmittelpunkt M ausgehen (Fig. 94), so schneidet diese Ebene die Projectionsebene in der Zonenlinie Z, in welcher die Punkte A und U liegen. Drehen wir nun um 180⁰, indem wir u = MU festhalten, so fällt der Strahl a nach der Drehung wieder in die Ebene AMU, aber jetzt nach al und zwar ändert sich der Winkelabsand α von u nicht. Der Durchstich Al von al mit der Projectionsebene liegt auf der Geraden Z = AU, da ja al mit a und u einer Ebene angehört.

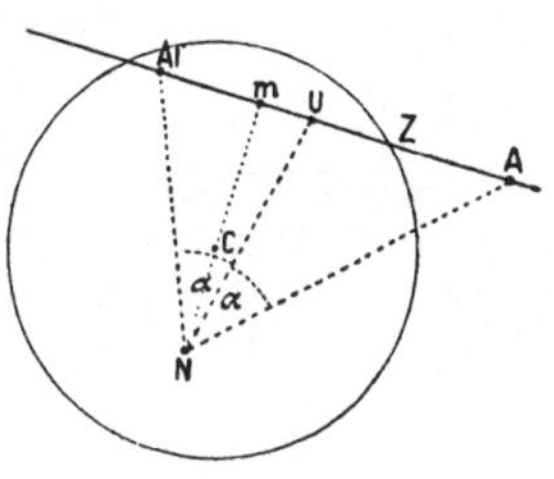

Fig. 93.

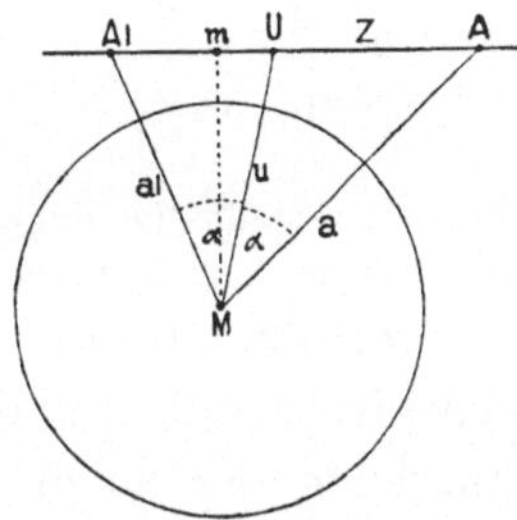

Fig. 94.

In Fig. 93 haben wir die Zonenlinie Z mit den Punkten A U m Al in der Projectionsebene mit denselben Abmessungen, wie in Fig. 94; der Winkelpunkt für Z aber, der in Fig. 94 der Krystallmittelpunkt M ist, muss nach **32** durch Heraufklappen um Z als Charnier gefunden werden.

Somit ist bewiesen, dass Al auf AU liegen muss und zwar so, dass $\angle$ Al U = U A ist.

80. Aufgabe. **Gegeben**: Ein gnomonischer Flächenpunkt A und sein Zwillingspunkt Al (Fig. 93).

Gesucht: Der Punkt U der Zwillingsebene.

Auflösung. Man zieht Z = A Al, sucht den Winkelpunkt N und halbirt den Winkel A N Al. Die Halbirungslinie trifft Z in U.

Beweis ergiebt sich aus dem Vorhergehenden.

Anmerkung. Diese Aufgabe kann unter Anderm auf folgende Art verwendet werden. Wir haben einen Zwilling ausgemessen und ein empirisches Projectionsbild hergestellt ohne Rücksicht darauf, welche Flächen dem einen, welche dem anderen Krystall angehören. Nachträglich haben wir zwei Flächen als Fläche (A) und Zwillingsfläche[2]) (Al) identificirt. Wir können dann nach **80** die Zwillingsebene U aufsuchen; für jeden Punkt nach **79** seinen Zwillingspunkt bestimmen und zusehen, welche Punkte sich dann decken. So können wir graphisch einen Zwilling auf die Zusammengehörigkeit seiner Flächen discutiren.

Für A kann man das Symbol aus den Coordinaten ableiten, für Al nicht. Um das Symbol von Al zu erfahren, muss man nach **79** das zugehörige A aufsuchen.

---

[1]) II. und III. Construction siehe **82, 83, 84.**

[2]) Wir wollen das Wort Zwillingsfläche der Kürze wegen anwenden für die Fläche in Zwillingsstellung, Zwillingsebene dagegen im obigen Sinn. Eine Verwechselung kann dadurch kaum eintreten.

Specialfall. Zwillingsebene eine Prismenfläche.

81. Aufgabe. Gegeben: Als Zwillingsebene die Prismenfläche U und ein Flächenpunkt A.

Gesucht: Der zu A gehörige Zwillingspunkt Al (Fig. 95).

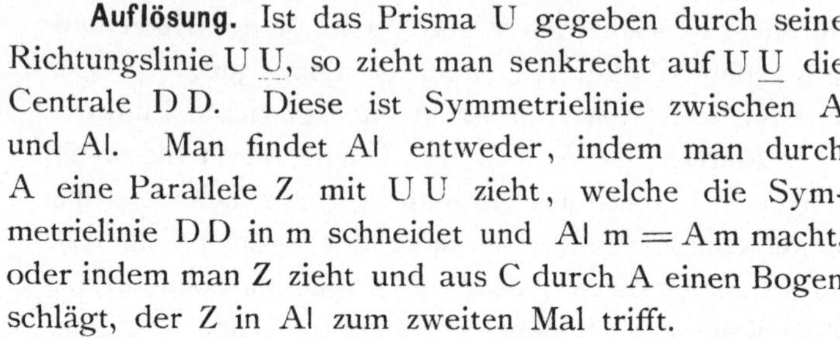

Auflösung. Ist das Prisma U gegeben durch seine Richtungslinie U U, so zieht man senkrecht auf U U die Centrale D D. Diese ist Symmetrielinie zwischen A und Al. Man findet Al entweder, indem man durch A eine Parallele Z mit U U zieht, welche die Symmetrielinie D D in m schneidet und Al m = A m macht, oder indem man Z zieht und aus C durch A einen Bogen schlägt, der Z in Al zum zweiten Mal trifft.

Fig. 95.

Anmerkung. Haben wir zwischen Fläche und Gegenfläche zu unterscheiden, so ist zu berücksichtigen, dass, wenn A in der oberen Krystallhälfte liegt, Al in der unteren liegt und in der oberen die Zwillingsfläche der Gegenfläche A sich findet.

Zusatz. Ist die Zwillingsebene eine Domenfläche po oder oq, so lässt sich dieser Fall auf den vorstehenden zurückführen, indem man durch Vertauschung der Axen den Krystall anders aufstellt, so dass die Zwillingsebene zum Prisma wird. Ist z. B. U = po (po 1) Zwillingsebene, so kann man die Q- und R-Axe resp. die B- und C-Axe vertauschen und erhält für U das Symbol p∞ (p 1 o). Damit ändern sich natürlich entsprechend die Elemente des Krystalls. Zum Zweck graphischer Berechnung ist diese Vertauschung wegen der Einfachheit der Construction wohl in allen Fällen angezeigt. Ebenso ist sie vorzunehmen, wenn man ein symmetrisches perspectivisches Bild des Zwillings aus dem Projectionsbild ableiten will.

Die aufrechten Pinakoide o∞, ∞o sind als Prismenflächen anzusehen, die Basis o als Doma. Prismen, Domen und Pinakoide, d. h. singuläre und binäre Formen sind in der Natur bei weitem die häufigsten Zwillingsebenen.

Ableitung des Zwillingsbildes. Andere Constructionen. Die gegebene I. Construction (**79-81**) ist ziemlich einfach und besonders dann zu verwenden, wenn es sich um Aufsuchung nur weniger Zwillingspunkte handelt. Sollen viele Punkte, z. B. ein ganzes formenreiches Projektionsbild mit allen seinen Punkten in Zwillingsstellung übertragen werden, so sind die folgenden Constructionen vorzuziehen. Aehnlich wie bei der Umwälzung haben wir eine Anzahl von Constructionslinien und Punkten festzulegen, mit deren Hilfe die Uebertragung dann sehr einfach und dadurch exakt wird. Wir wollen auch hier den Hilfslinien und Punkten der kürzeren Verständigung wegen besondere Namen geben.

Sei U (Fig. 96) der Projectionspunkt der Zwillingsebene, so ziehen wir ausser dem Grundkreis um den Scheitelpunkt C mit dem Radius h die **Centrale** UC, darauf senkrecht die **Normale** D D und machen Winkel U D II =

UDC, so ist nach **79** der **Kreuzpunkt II** der Zwillingspunkt von C. Wir machen ferner $IIDI = 90^0$,
so ist der **Kreuzpunkt I** der gnomonische Pol
von II, also SS der Ort aller Punkte, die von II
um 90^0 abstehen. Das sind aber die alten
Prismenpunkte, da der Scheitelpunkt nach II
gewandert ist und die Prismenpunkte alle von
C um 90^0 abstanden. Wir nennen die Linie SS
deshalb die **Prismenlinie**. Jeder alte Prismenpunkt kommt in Zwillingsstellung auf SS zu
liegen; aber auch jeder Punkt von SS wird in
Zwillingsstellung zum Prismenpunkt, d. h. er
rückt ins Unendliche.

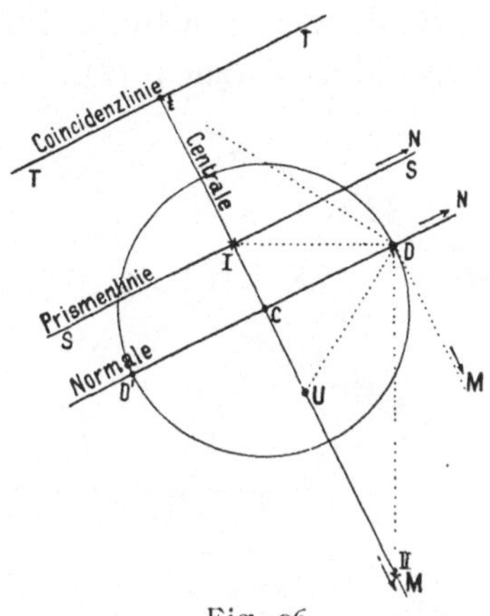

Fig. 96.

Dies beweist sich so: Ist M der Prismenpunkt der Centralen, so wandert er nach I
und I nach M, da $UDM = UDI$, indem beide ihre Winkeldistanz von U bei der Drehung
nicht ändern. Der Punkt von SS im Unendlichen fällt bei der Drehung mit dem Punkt der
Gegenfläche wieder zusammen. Da aber I und der Punkt $\rightarrow$ N auf SS ins Unendliche
rücken, so muss es die ganze Linie.

Wir machen ferner $UDt = 90^0$ und ziehen durch t $\parallel DD$ die **Coincidenzlinie** TT. Sie ist die Polare des festbleibenden Punktes U, und hat
in Folge dessen die Eigenschaft, dass ein Punkt auf ihr nach der Drehung
in Zwillingsstellung mit dem Punkt seiner Gegenfläche zusammenfällt, dass
also, da Fläche und Gegenfläche nur einen Projectionspunkt haben, die
Punkte von TT ihren Ort nicht ändern. Wegen dieser Eigenschaft habe
ich diese Linie als Coincidenzlinie bezeichnet.

U ist nebenbei der Winkelpunkt der Prismenlinie SS, indem II der
gnomonische Pol von SS ist und DU den Winkel CDII halbirt (vgl. **31**
und **32**). Nachdem diese Hilfslinien und Punkte festgesetzt sind, haben wir
die folgenden einfachen Constructionen.

83. Aufgabe. Gegeben: Ein gnomonischer Punkt A und der Punkt der
Zwillingsebene.
Gesucht: Der zu A gehörige Zwillingspunkt Al.

Wir nehmen an, es seien die oben angegebenen Hilfslinien und Punkte festgelegt.

II. Construction.[1]) Man zieht die Zonenlinie
Z durch AU (Fig. 97), geht aus A parallel mit
der Centralen nach F auf TT und schneidet aus
F über I auf Z ein. Der Schnitt Al ist der gesuchte Punkt.

Beweis. A liegt in der Zone FA $\rightarrow$ M.
F ändert seinen Ort nicht, weil der Coincidenzlinie TT angehörig, M wandert nach I. FI tritt

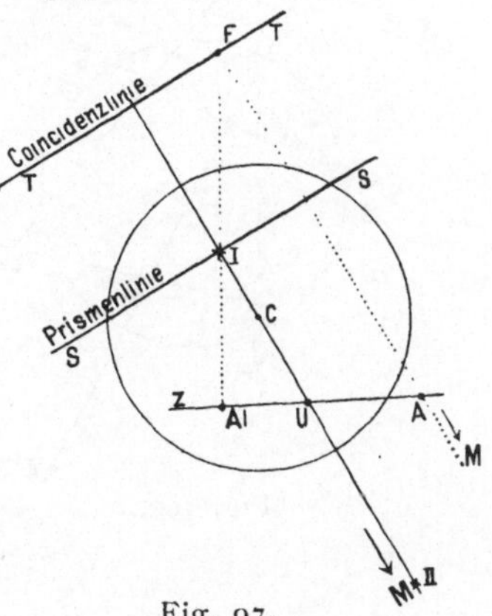

Fig. 97.

---

[1]) I. Construction siehe **79.**

an Stelle der Zonenlinie FA; also muss Al auf FI liegen, es liegt aber auch auf AU (nach **79**).

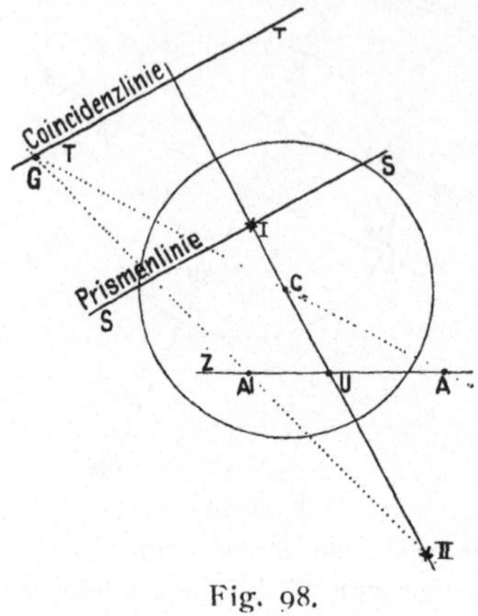

Fig. 98.

84. III. Construction.

Man zieht die Zonenlinie Z durch AU (Fig. 98), ausserdem AC bis zum Schnitt G mit TT und schneidet mit GII auf Z ein. Der Schnitt Al ist der gesuchte Punkt.

Specialfälle.

85. Aufgabe. Gegeben: Ein Prismenpunkt g durch seine Richtungslinie G. (Fig. 99.)

Gesucht: Der Zwillingspunkt gi von g.

Auflösung. gi liegt auf dem Schnitt der Prismenlinie SS und einer Parallelen mit G durch U.

86. Aufgabe. Gegeben: Ein Punkt gi auf SS. (Fig. 99.)

Gesucht: Der zugehörige Zwillingspunkt g.

Auflösung. g liegt im Unendlichen in der Richtung gi U. Natürlich führt jede Parallele mit gi U auch nach g.

Diese Aufgabe ist die Umkehrung der vorhergehenden.

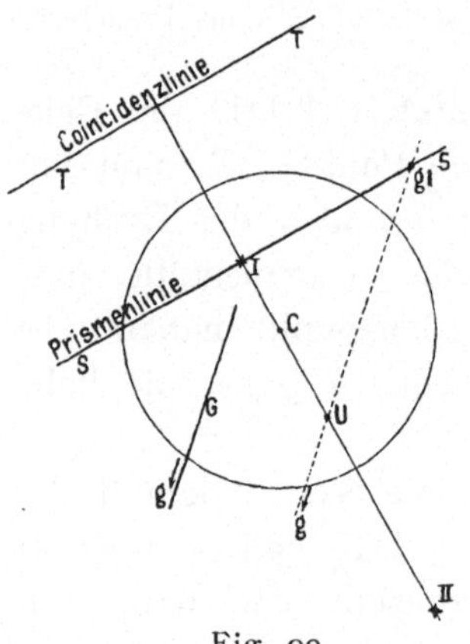

Fig. 99.

87. Aufgabe. Gegeben: Eine Zonenlinie Z und der Punkt der Zwillingsebene U.

Gesucht: Die Z entsprechende Linie in Zwillingsstellung (Zwillingslinie) Zl.

Construction. Nachdem die Hilfslinien und Hilfspunkte gelegt, wie oben (**82**) angegeben, schneide Z SS in m, TT in n, so ist Zl die Parallele mit U m durch n.

Beweis. n ändert, als der Concidenzlinie angehörig, seinen Ort nicht. m rückt, als der Prismenlinie SS angehörig, ins Unendliche; sein Zwillingspunkt mi liegt auf m U oder einer dazu Parallelen (nach **85**). Zl muss aber ni, das mit n zusammenfällt, und mi enthalten.

Zusatz. Für einen Punkt A auf Z findet sich der Zwillingspunkt Al im Schnitt von AU mit Zl.

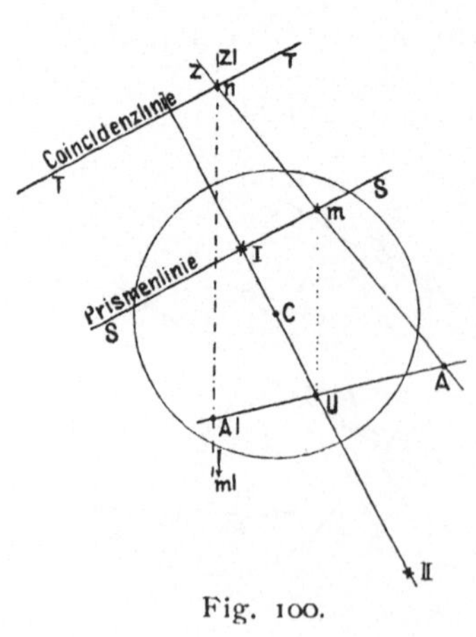

Fig. 100.

Beweis. AI muss auf ZI liegen und auch auf AU (vgl. **79** und **83**).

Anmerkung. Bei der Uebertragung eines aus vielen Projectionspunkten bestehenden Bildes ist es am besten, zonenweise nach dieser letzten Construction vorzugehen und für die wichtigsten Punkte, besonders die zuerst übertragenen, die Constructionen II und III der Punktübertragung (83, 84) als Controle heranzuziehen. Nachdem eine Reihe von Punkten im Zwillingsbild festgelegt ist, lassen sich die übrigen durch den Zonenverband bestimmen, doch empfiehlt es sich, stets nur einen kleinen Theil auf diese Weise festzulegen, die meisten direct zu bestimmen. Dagegen ist es erforderlich, den Ort der Punkte durch den Zonenverband zu controliren und Schwankungen damit zu beseitigen. Der Zonenverband ist ein Mittel, Fehler und Ungenauigkeiten in folgender Weise zu finden und zu berichtigen. Gehen durch einen Punkt alle Zonenlinien, welche ihn passiren sollten, exakt durch bis auf eine, so ist in dieser die Ungenauigkeit zu suchen. Oder ist ein Punkt durch zwei sehr sichere Zonenlinien fixirt, eine dritte, die von minder sicheren Punkten herkommt, trifft nicht genau ein, so können die unsicheren Punkte durch die Zonenlinie rectificirt werden.

In den äusseren Gebieten des Bildes treten wegen Schiefe der Schnitte öfter Unsicherheiten ein. Diese lassen sich beseitigen durch Rectification aus dem Zonenverband mit möglichst genau fixirten Punkten. Es empfiehlt sich daher, nach Eintragung der wichtigsten Punkte, kreuz und quer viele Zonenlinien zu legen. Dadurch werden die Fehler gefunden und beseitigt. Hätte man die meisten Punkte nicht direct, sondern aus dem Zonenverband abgeleitet, so entfiele dies wichtige Controlmittel.

Krystallzeichnen.

Unter Krystallzeichnen verstehen wir die Herstellung des Parallelbildes (Parallelprojection) eines Krystalls. Meist wird dasselbe durch Ergänzung des an der symmetrischen Ausbildung Fehlenden idealisirt. Wie S. 1 ausgeführt, unterscheiden wir, je nach der Projectionsebene, zwei Arten von Parallelbildern.

A. **Horizontalbilder.** Sie sind Parallelprojectionen auf die Horizontalebene bei normaler Aufstellung des Krystalls, das ist die Ebene der Polarprojection, die Ebene senkrecht zu den aufrechten Pinakoiden. Solche Bilder sind einfach nach Aussehen und Herstellung. Es ist üblich, bei ihnen nur die obere Hälfte des Krystalls zu berücksichtigen. Man könnte sie danach auch wohl Kopfbilder nennen.

Verticalbilder sind Parallelprojectionen auf eine verticale Ebene. Wir können sie als Horizontalbilder ansehen bei durch Vertauschung der Axen veränderter Aufstellung. Sie kommen häufig vor im monoklinen System bei Projection auf die Symmetrieebene.

B. **Perspectivische Bilder** sind Parallelprojectionen auf eine gegen die Ebene der Polarprojection schief geneigte Ebene.

Wir sind im Stande aus dem gnomonischen Bild beide Arten von Bildern abzuleiten oder wenigstens die Kantenrichtungen zu gewinnen, so, wie sie im Bild erscheinen. Das genügt aber, denn alles Andere ist Sache der Centraldistanz der Flächen, die von Krystall zu Krystall sich ändert und bei jeder Zeichnung der Natur angepasst werden muss, wobei man mehr oder weniger idealisirt.

A. Horizontalbilder.

Die Ableitung des Horizontalbildes aus dem gnomonischen Projectionsbild gründet sich auf folgenden Satz:

88. Satz. Die Linie der Kante zwischen zwei Flächen im Horizontalbild steht senkrecht auf der Verbindungslinie (Zonenlinie) Z zwischen den Projectionspunkten beider Flächen.

Beweis. Z (Fig. 101) sei die Trace der Zonenebene F zwischen den beiden Flächenpunkten. Die Kante zwischen beiden Flächen, in den Krystallmittelpunkt M transferirt, hat die Lage M A; sie ist die Axe der Zonenebene F; ihr Austritt A in der Projectionsebene ist der Pol von Z. Die Centrale A C steht senkrecht auf Z (nach **9**), A C ist aber zugleich die Horizontalprojection von A M in die Projectionsebene E, wie aus der Figur unmittelbar ersichtlich ist.

Geht die Kante nicht durch den Mittelpunkt M, sondern ist sie zu A M parallel verschoben, so verschiebt sich zugleich ihre Horizontalprojection, bleibt aber dabei stets senkrecht auf Z.

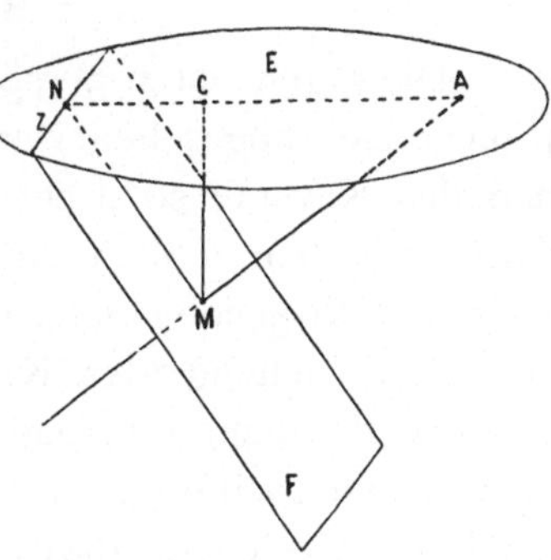

Fig. 101.

Soll das Horizontalbild aus dem linearen Projectionsbild abgeleitet werden, so geschieht dies auf Grund des Satzes.

89. Satz. Ist A (Fig. 101) ein linearer Kantenpunkt, so giebt die Centrale C A die Richtung der Horizontalprojection der Kante A. Da der euthygraphische Punkt A und der zugehörige cyklographische A' auf derselben Centralen liegen, so gilt der Satz für beide Arten der Linearprojection.

Der Beweis giebt sich aus der Figur 101 von selbst.

90. Aufgabe. Gegeben: Für einen rhombischen Krystall die polaren Elemente p_0 q_0.

Gesucht: Das Horizontalbild der Combination a c p m = $\infty 0 \cdot 0 \cdot 1 \cdot \infty$ = (100) (001) (111) (110).

Man stellt das gnomonische Bild (Fig. 102) her und zieht die Kanten in dem Horizontalbild (Fig. 103) der Reihe nach so, dass die Kantenlinie, beispielsweise c p_1 senkrecht verläuft zu der Zonenlinie c p_1 (Fig. 102) u. s. w. Man führt das aus, indem man an die Zonenlinie c p_1 (Fig. 102) das Lineal anlegt, daran das Dreieck mit der einen Kathede und in Fig. 103 an der andern Kathede hinzieht.

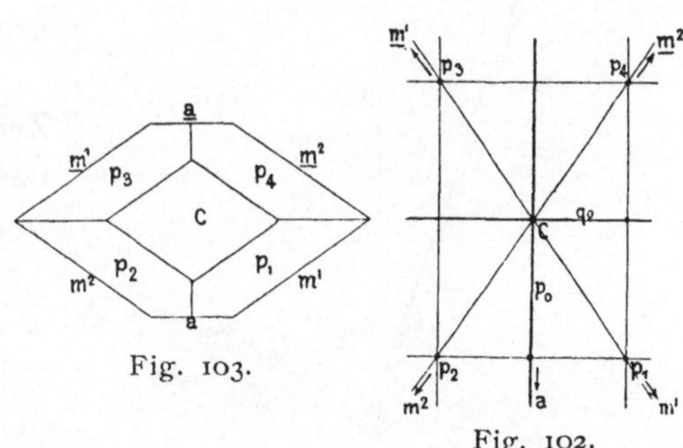

Fig. 103.

Fig. 102.

Anmerkung. Von welchem Punkt man bei der Zeichnung ausgeht (hier etwa von dem wieder verschwindenden Punkt der Spitze des Krystalls) und in welcher Reihenfolge man beim Anlegen der Kanten verfährt, wie man der Symmetrie durch gleiche Abmessungen Rechnung trägt, ergiebt sich leicht von Fall zu Fall. Hier möge nur bemerkt werden, dass es sich empfiehlt, die Form, die der Combination den Habitus giebt, zuerst zu zeichnen und die untergeordneten Flächen daran anzuschneiden, nicht etwa von Ecke zu Ecke mit den Kantenlinien vorzugehen.

B. Perspektivische Bilder.

Die sogenannten perspektivischen Bilder können ebenfalls als Horizontal-projectionen angesehen werden, wenn wir die Zeichenebene horizontal legen und den Krystall so drehen, dass verticale Strahlen das Bild hervorbringen, das wir haben wollen. Mit dieser Drehung des Krystalls ändert sich die Lage der Projectionspunkte. Liegen aber einmal die Projectionspunkte der neuen Aufstellung des Krystalls entsprechend, so leitet sich die Kanten-richtung des nun zu erzeugenden Bildes ebenso ab, wie beim Horizontalbild, d. h. Kantenrichtung senkrecht zu der entsprechenden Zonenlinie bei gno-monischer Projection (88) oder als Verbindungslinie des Kantenpunktes mit dem Scheitelpunkt bei euthygraphischer Projection (89).

91. Ableitung des perspectivischen Bildes aus dem gnomonischen Projections-bild.

Es erwächst somit die Aufgabe, das Projectionsbild gehörig zu trans-formiren.[1]) Die Transformation setzt sich, wie oben (73) bereits allgemein dargelegt, zusammen aus Horizontaldrehung und Umwälzung.

Die Horizontaldrehung vollzieht sich einfach durch Drehen des Papiers in seiner Ebene. Die Umwälzung geschieht nach den oben gegebenen Me-thoden, doch empfiehlt es sich für die Grösse der Drehungen und die daraus erfolgenden Constructionswerthe gewisse Normen festzusetzen, die sich an-lehnen an die durch die Erfahrung vie-ler Autoren als praktisch gefundene Auf-stellung, und wovon man nur in einzel-nen Fällen abweicht, da wo es die An-schaulichkeit erfordert.

Wir wollen direct die detaillirte **Zeichenvorschrift** geben; dabei setzen wir das gnomonische Projectionsbild als ge-zeichnet voraus.

Es sei der Radius des Grundkrei-ses = h (Fig. 104); die von hinten nach vorn laufende Gerade HV durchschneide den Grundkreis in a und $\bar{a}$. Wir tra-gen nun auf dem Umfang des Grund-kreises von a aus nach rechts, von $\bar{a}$ aus nach links das Stück a b = ⅓ h auf, ziehen die Centrale durch b C $\bar{b}$, machen

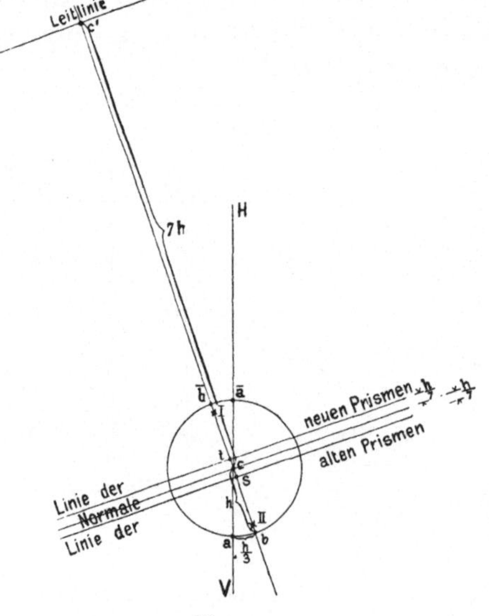

Fig. 104.

CC' = 7h, Cs = Ct = ⅐h und errichten in C't Cs die Normalen auf CC',
so ist die Zeichnung für die Construction der Umwälzung vorbereitet, wie es
75 erfordert.

Bei der Umwandlung des Bildes geht die Symmetrie des normalen
gnomonischen Bildes verloren. Ich habe deshalb das zum Zweck der Zeichnung transformirte Bild als **verzerrtes Bild** bezeichnet. Die Umwandlung
des normalen gnomonischen Bildes in das verzerrte Bild wird ausgeführt
nach **76**.

Bei dieser Art perspectivische Bilder zu machen, empfiehlt es sich in der Regel, das
Gesammtbild aller bekannten Formen des vorliegenden Minerals zu transformiren. Aus dem
verzerrten Bild lassen sich dann beliebige Combinationen in das perspectivische Bild tragen.
Es ist daher gut, die Dimensionen der Zeichnung nicht zu klein zu nehmen. Am besten
h = 5 cm, dann wird

$$CC' = 35 \text{ cm}; \quad Ct = Cs = 0 \cdot 714; \quad ab = 1 \cdot 667 \text{ cm}.$$

Für nicht zu complicirte Fälle genügt auch ein kleinerer Massstab. Nach dem gewählten
Werth h richten sich die Längeneinheiten $p_0 q_0$ des gnomonischen Bildes.

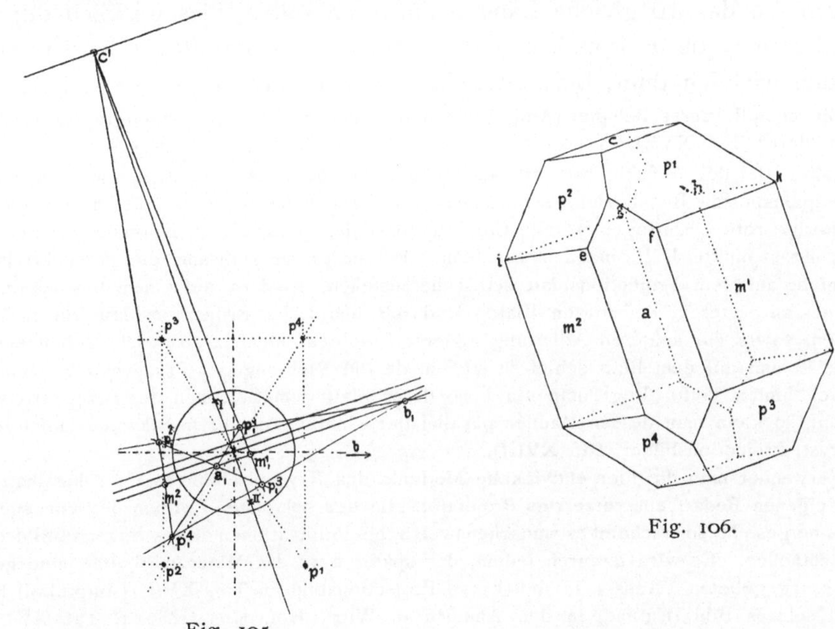

Fig. 105.

Fig. 106.

92. Beispiel.

Zur Illustration geben wir dasselbe Beispiel aus dem rhombischen
System, wie für das Horizontalbild (**90**). Bei der Verzerrung des Bildes
verlegen wir zuerst die aufrechten Pinakoide o∞ · ∞o und die Prismenpunkte,
und gehen dann zonenweise vor (nach **76**). In unserm Beispiel (Fig. 105
u. 106) nehmen wir zuerst a und b, welch' letzteres am Krystall zwar fehlt,
des Verbandes wegen aber mit übertragen wird. Darauf verlegen wir die
Zonenlinien $p_1 p_2$ und $p_3 p_4$, dann $p_2 p_3$ und $p_1 p_4$, und endlich zur Controle
$p_1 p_3$ und $p_2 p_4$. Im Schnitt der Zonenlinien liegen die Flächenpunkte.

6*

Ist das verzerrte Bild fertig, so macht man daraus das perspektivische genau so, wie das Horizontalbild aus dem normalen gnomonischen Bild (**88, 90**). Will man z. B. die Richtung der Kante $p^1 p^2$ auftragen, so legt man eine Kathede des Dreiecks an die Zonenlinie $p^1 p^2$ des verzerrten Bildes an und zieht die Kantenlinie an der andern Kathede hin.

Man thut auch hier wieder gut, nicht von Ecke zu Ecke vorzugehen, sondern zuerst die Form allein zu zeichnen, die der Combination den Habitus giebt, also hier das Prisma $m^1 m^2$, daran die Pyramidenflächen $p^1 \cdot p^2 \, p^3 \, p^4$ anzuschneiden und endlich die Basis c und die Querfläche a. Dann ist die Zeichnung fertig.

Will man beide Enden des Krystalls in der Figur haben, so ist es am besten, beide zugleich zu construiren, nicht das untere Ende durch Pausen herzustellen. Ausserdem ist es nöthig, während des Fortschreitens der Zeichnung beständig Controlen anzuwenden. Die wichtigsten derselben sind, nachzumessen, ob da, wo gleiche Längen auftreten sollen, dies wirklich der Fall ist, und ferner, ob Eckpunkte, die paarweise auf Parallelen liegen sollen, dies auch wirklich thun; beispielsweise ob in unserer Figur ef ‖ gh ‖ ik ist.

Ein complicirteres Beispiel (Amphibol) findet sich in den „Krystallographischen Projectionsbildern" Taf. XVIII.

Notiz. Bei der Anfertigung von Zeichnungen empfiehlt es sich, alles was sich auf das normale gnomonische Bild bezieht, seine Punkte und Zonenlinien schwarz, alles zum verzerrten Bild gehörige roth einzutragen.[1]) Die Constructionslinien (Grundkreis, Normale, Leitlinie, sowie die Kreuzpunkte I, II, machen wir blau. Ferner ist es rathsam, die perspektivischen Bilder nicht auf dem Projectionsblatt selbst herzustellen, sondern auf einem besondern, mit Heftnägeln an ersterem befestigten Blatt. Dadurch bleibt das Projectionsblatt frei zu Nachtragungen, sowie zur späteren Ableitung anderer Combinationen daraus. Die Zeichnung des Krystalls kommt auf dem Blatt schief zu stehen, da die Richtung der Prismenkante nicht von vorn nach hinten läuft. Legt man ein besonderes Blatt zum Zeichnen des perspektivischen Bildes auf, so kann man dessen Ränder parallel der Richtung der Prismenkanten laufen lassen (vgl. Kryst. Projectionsbilder Taf. XVIII).

Verwendet man die hier entwickelte Methode des Krystallzeichnens, und hat man sich für den eigenen Bedarf ein verzerrtes Projectionsbild der bekannten Formen des vorliegenden Minerals hergestellt, so erscheint es wünschenswerth, bei Publicationen dieses verzerrte Bild ebenfalls mitzutheilen. Es wird dadurch jedem, der später über das Mineral arbeitet, eine grosse Erleichterung geboten. Ausser in den kryst. Projectionsbildern Taf. XVIII (Amphibol) findet sich ein solches Bild (Euklas) in den Annalen d. Wien. Hof. Mus. 1886. 1. Taf. XXI. von Köchlin. Ich hatte die Absicht, einen Atlas solcher verzerrter Projectionsbilder auszuarbeiten, habe es jedoch aus den im Text zu den „Krystallographischen Projectionsbildern" S. 14 angeführten Gründen vorläufig unterlassen. Dagegen habe ich Zeichenblätter herstellen lassen, auf welche die Constructionslinien für Herstellung perspectivischer Bilder lithographisch aufgedruckt sind, vorläufig nur für den eignen Gebrauch und den einiger Freunde. Jedoch können diese Blätter nach Bedarf in den Handel gebracht werden.

Anmerkung. Die Ableitung des perspectivischen Bildes aus einer gnomonischen Projection auf die Bildebene hat bereits Dauber in der ausgezeichneten Arbeit über Rothbleierz

---

[1]) In Fig. 105 ist das, was schwarz sein sollte, punktirt, die Buchstaben der verlegten (rothen) Punkte sind mit dem Index (') versehen, die Ringel der ursprünglichen Punkte sind ausgefüllt, die der verlegten offen gelassen.

angewendet (Wien. Sitzb. 1860. **21**. 37. Fussnote). Doch hat sein Verfahren keinen Eingang gefunden. Ueber die Herstellung seiner Projection auf die Bildebene sagt er nichts. Jedenfalls ist sie nicht durch Transformation aus dem normalen Bild gewonnen; es scheinen vielmehr einige Punkte des Bildes direkt aus den Winkeln, die andern durch Zonenverband abgeleitet zu sein, wie aus der Bemerkung hervorgehen dürfte (S. 38), „da es keinen Irrthum zulässt, nachdem man nur wenige Punkte der zum Grunde zu legenden Projection sicher bestimmt hat". Erst durch die Leichtigkeit der Herstellung des gnomonischen Bildes aus den Symbolen, sowie durch die einfache, für alle Fälle und alle Systeme giltige Transformation dürfte diese Zeichnungsmethode lebensfähig geworden sein.

Ableitung der Krystallbilder aus der euthygraphischen Projection.
A. Horizontalbilder.

93. Aufgabe. Gegeben: Ein euthygraphischer Kantenpunkt g (Fig. 107).
Gesucht: Die Richtungslinie der Kante g.

Auflösung. Die Centrale cg ist die Richtungslinie.

Beweis. Die in den Mittelpunkt M geschobene Kante läuft von diesem, der sich senkrecht unter c befindet, nach g, liegt also in der zur Projectionsebene senkrechten Ebene Mcg. Die Horizontalprojection in der Projectionsebene kann somit nur cg sein

Die Construction ist dieselbe für die Quenstedt'sche, wie für die euthygraphische Art.

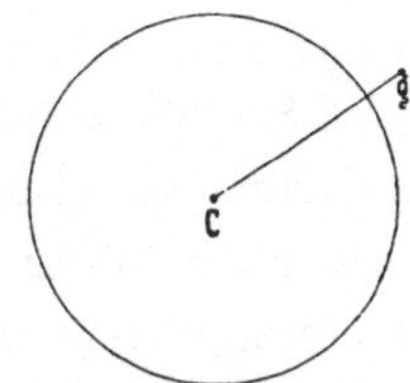

Fig. 107.

94. Beispiel. Baryt. **Gegeben:** Die Elemente $a_0 = 0 \cdot 6206$; $b_0 = 0 \cdot 7613$.
Die Flächensymbole $c = o$; $b = o\infty$; $m = \infty$;
$o = oi$; $z = 1$; $d = \frac{1}{2}o$.

Wir bilden die linearen Flächensymbole, indem wir von pq die reciproken Werthe nehmen:

$$c = o = (\infty\infty) = (\infty)$$
$$m = \infty = (oo) = (o)$$
$$b = o\infty = (\infty o)$$
$$o = oi = (\infty i)$$
$$z = i = (i)$$
$$d = \tfrac{1}{2}o = (2\infty)$$

und stellen das euthygraphische Bild her (Fig. 108); in ihm finden wir die Richtung der Kanten für das Horizontalbild. Z. B.: $Z^1 d^1$ schneiden sich in dem Punkt A. Es läuft daher die Kante $Z^1 d^1$ im Horizontalbild $\parallel$ c A. Auf diese Weise leitet sich das Horizontalbild (Fig. 109) ab.

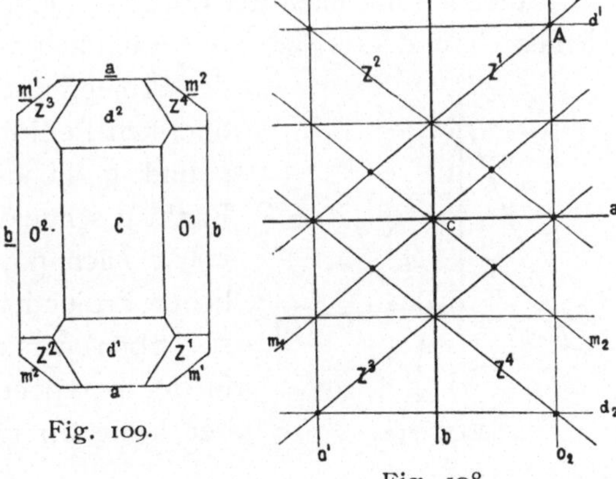

Fig. 109.

Fig. 108.

B. Ableitung des perspectivischen Bildes aus dem euthygraphischen Projectionsbild.

95. I. Construction. Aus der euthygraphischen Projection finden wir die Richtung einer Kantenlinie in Horizontalprojection als die Verbindungslinie des Kantenpunktes mit dem Scheitelpunkt. Wollen wir ein perspectivisches Bild haben, so muss eine Transformation des Projectionsbildes vorgenommen werden. Diese ist genau ebenso, wie die des gnomonischen Bildes.

Dabei ist jedoch Folgendes zu beachten. Die Ebene der euthygraphischen und die der gnomonischen Projection sind nicht identisch bei dem monoklinen und triklinen System, vielmehr ist erstere die Basis o (001), letztere die Ebene senkrecht zu den Prismen; in den andern Krystallsystemen fallen beide Projectionsebenen zusammen. Es folgt daraus für das monokline und das trikline System, dass die unter gleicher Drehung und Umwälzung aus den beiden Projectionsbildern abgeleiteten perspectivischen Bilder verschiedene Ansichten geben.

Von den Hilfslinien wird die Linie der alten Prismen zur Linie der alten Basis, die der neuen Prismen zur Linie der neuen Basis. Die Centrale ist nicht mehr die Richtung der Prismenkanten, sondern die Richtung der Kanten der Flächen senkrecht zur Basis.

Stellen wir die Krystalle zum Zweck der räumlichen Anschauung so auf, dass die Prismenkanten vertical gerichtet sind und die Längsfläche von vorn nach hinten läuft, so giebt für diese schiefwinkligen Systeme nur die Ableitung aus der gnomonischen Projection ein Bild gleichmässiger Aufstellung.

96. II. Construction. Ableitung. Eine Ableitung der perspectivischen Bilder aus der Quenstedt'schen Linearprojection ist zuerst von Schröder[1]) und später modificirt von Klein[2]) angegeben worden. Beide Methoden unterscheiden sich durch die verschiedene Art der Ableitung des perspectivischen Axenkreuzes.

Stelle ich mir nach der Quenstedt'schen Art[3]) das Projectionsbild zweier Flächen, F und G (Fig. 110), räumlich vor, d. h. die aufrechte Axe C mit der Projectionsebene, die beiden Flächen durch den obersten Punkt c von C gelegt mit ihren Tracen f und g in der Projectionsebene, die sich im Punkt p schneiden, so läuft die Kante FG im Raum von c nach p. Machen wir uns von diesem räumlichen Projectionsvorgang ein perspectivisches Bild, so haben wir darin die Richtung der Kantenlinie in der perspectivischen Darstellung. Zur Fixirung der Linie cp genügen die Punkte c und p. c ist

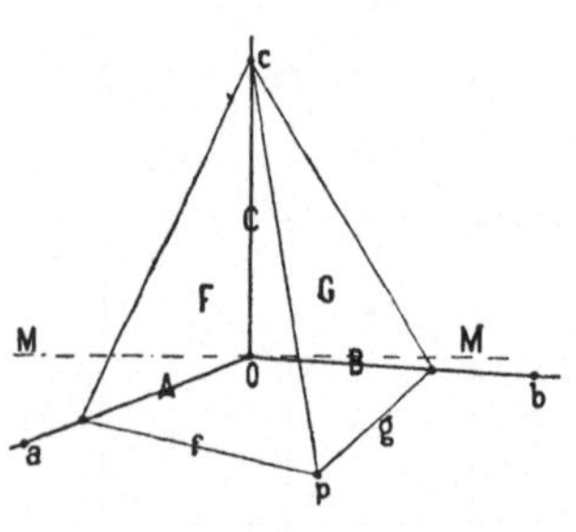

Fig. 110.

---

[1]) Schröder, Elemente der rechnenden Krystallographie. Clausthal 1852. S. 100 flgd. Ich will die interessante Methode, wie sie Schröder aufgestellt hat, hier ausführlicher entwickeln, da sie wenig bekannt ist, und die citirte Schrift wenig Verbreitung hat, da ausserdem die Angabe Schröder's über das Princip dieses Zeichnens so kurz gefasst ist, dass es nicht leicht ist, sich hineinzufinden.

[2]) Klein, Elemente der Krystallberechnung. Stuttgart 1876. S. 37.

[3]) Ich nehme ausnahmsweise Quenstedt'sche statt euthypraphischer Projection, da hier das Schröder'sche Verfahren auseinandergesetzt werden soll. Bei der allgemeinen Behandlung der Aufgabe (101) verwende ich die euthygraphische Projection.

für alle Kanten des Krystalls dasselbe, p liegt in der Projectionsebene und ergiebt sich aus dem Schnitt der Tracen f und g. [Wir können den Punkt p auch direkt aus dem linearen Kantensymbol fixiren.]

Ein perspectivisches Bild im Sinne des Krystallzeichnens ist nun eine Parallelprojection auf eine gegen die Projectionsebene geneigte Ebene. Bis her liegt die Projectionsebene horizontal. In ihr befinden sich die Axen A und B, die sich in O schneiden, von O ragt die Axe C auf. Soll nun die Bildebene als Zeichenebene horizontal liegen, so kann man, um das perspectivische Bild durch Horizontalprojection zu gewinnen, den Punkt O in der Bildebene lassen und das Axenkreuz im Raum drehen. Man macht dabei zwei Drehungen, eine solche von rechts nach links, so dass A und B in der Horizontalebene bleiben, aber nicht mehr OA, sondern eine andere Prismentrace von vorn nach hinten, eine andere als die bisherige quer läuft. Die zweite Drehung ist eine Umwälzung von vorn nach hinten, bei der sich alle Theile der Projectionsebene aus der Bildebene nach oben oder nach unten herausheben, mit Ausnahme der Drehungsaxe MM, der nach der ersten Drehung quer laufenden Prismentrace. Die Theile vor der Drehungslinie steigen dabei in die Höhe, die hinter derselben senken sich. Von dieser so gedrehten Projectionsebene mit der aus ihr aufragenden Axe C machen wir nun eine Horizontalprojection.

Wir nehmen zunächst den einfachen Fall, dass die C-Axe senkrecht stehe auf den Axen A und B, d. h. auf der Projectionsebene. Die punktirten Linien geben das Quenstedt'sche Projectionsbild (Fig. 111). Bei der zweiten Drehung (Umwälzung) soll MM seine Lage nicht ändern. Die Axe C, die im Projectionsbild zum Punkt verkürzt erscheint, neigt sich bei der Umwälzung nach hinten. Wir drehen um einen Winkel $\psi = 90 - \varphi$, wobei in Analogie mit **91** $\psi = 82^0$, $\varphi = 8^0$ zu machen ist. Wir wollen nun eine Ebene senkrecht auf MM in O legen. In ihr liegt C und bleibt darin während der Umwälzung, wobei es zu OC'' wird (Fig. 112). Die Horizontalprojection von OC'' ist dann OC' = C' = C cos φ. Wir suchen nun, wohin ein Punkt a der Projectionsebene bei der Umwälzung und darauf folgenden Horizontalprojection gelangt. Zu dem Zweck ziehen wir das Loth a m auf MM und legen durch dieses eine Ebene $\perp$ MM (Fig. 113). In dieser Ebene bewegt sich a bei der Umwälzung fort, m a kommt nach m a''. Die Verticalprojection von m a'' ist m a' = m a cos ψ = m a sin φ. Dabei ist C als Masseinheit gedacht, also

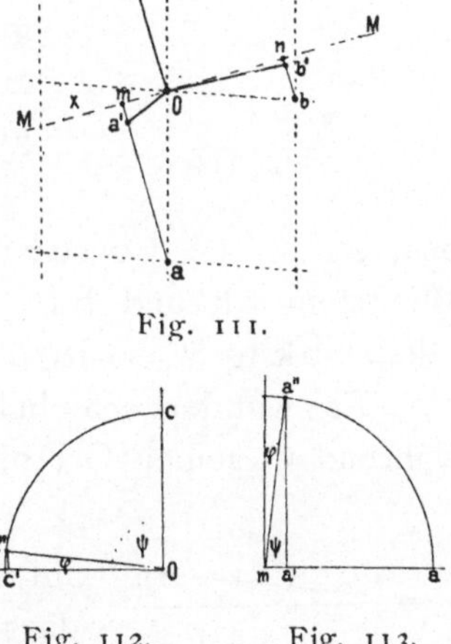

Fig. 111.

Fig. 112.   Fig. 113.

correcter $m\,a' = m\,a\sin\varphi\,C$. Nehmen wir nun nicht C, sondern das redu-
cirte $C' = C\cos\varphi$ als Einheit, so ist

$$m\,a' = \frac{m\,a\sin\varphi\cdot C}{C'} = \frac{m\,a\sin\varphi\cdot C}{C\cos\varphi} = m\,a\,\mathrm{tg}\,\varphi.$$

Der Kantenpunkt a wanderte also nach a', der Punkt c nach c'. War nun im Raum c a die Richtung der Kante, so ist es im perspectivischen Bild a' c'.

Hieraus ergiebt sich folgende einfache Construction II. für den Fall die C-Axe senkrecht steht auf der Projectionsebene, also für alle Systeme mit Ausnahme des monoklinen und triklinen, für ersteres noch bei Projection auf die Symmetrieebene.

97. II. Construction. Ausführung. Es sei aus dem Quenstedt'schen Projectionsbild zweier Flächen $F_1\,F_2$ in einem regulären, tetragonalen, rhombischen oder hexagonalen Krystall die Kante g zwischen $F_1\,F_2$ perspectivisch zu zeichnen, so nehmen wir wieder den horizontalen Drehungswinkel $\chi = 19^0\,10$ (oder 20^0) in Uebereinstimmung mit **91** (Fig. 114) den Winkel der Umwälzung $\psi = 90 - \varphi = 82^0$; $\varphi = 8^0$.

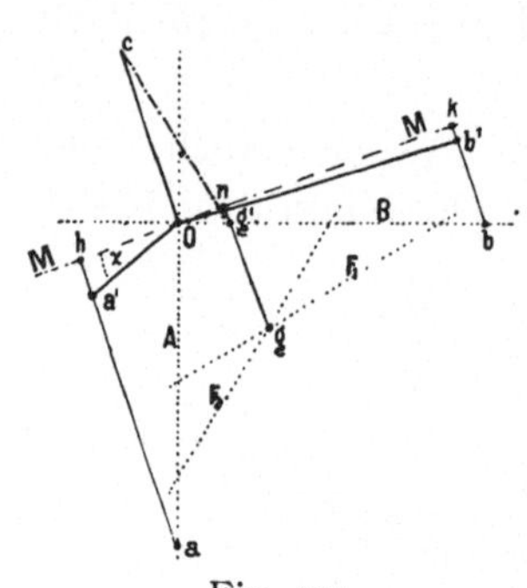

Fig. 114.

Wir legen dann durch O das Axenkreuz A B der Projection, sowie die Drehungslinie M M unter dem Winkel $\chi = 19^0\,10$ gegen B und errichten in O auf M M die Senkrechte O C mit der Länge $c_0 = 1$. Nun tragen wir mit Hilfe der Axen A B, der Einheiten $a_0\,b_0$ und der Symbole $(a_1\,b_1)\,(a_2\,b_2)$ die Flächenlinien $F_1\,F_2$ auf. Ihr Schnitt ist der Projectionspunkt g der Kante F_1F_2. Von g fällen wir das Loth g n auf M M und machen $n\,g^1 = n\,g\,\mathrm{tg}\,8^0$, so ist $c\,g^1$ die gesuchte Richtungslinie.

Wollen wir das perspectivische Axenkreuz haben, so ist die Construction für die Punkte a (10) und b (01) zu machen. Man zieht ah und $bk \perp MM$, reducirt ah auf $a'h = ah\,\mathrm{tg}\,8^0$, bk auf $b'k = bk\,\mathrm{tg}\,8^0$, so ist a'O, b'O, cO das perspectivische Axenkreuz.

Es wandert nämlich im perspectivischen Bild a nach a', b nach b', während O seinen Ort nicht ändert.

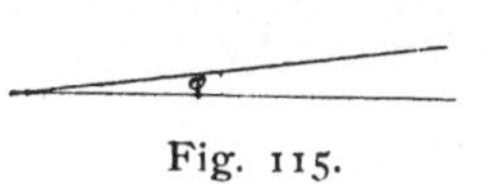

Fig. 115.

Die Reduction der Längen 1 auf $1\,\mathrm{tg}\,\varphi$, z. B. ah auf $ah\,\mathrm{tg}\,\varphi$, nimmt Schröder graphisch dadurch vor, dass er den Winkel $\varphi = 8^0$ aufträgt (Fig. 115). Auf den einen Schenkel trägt er 1; dazu senkrecht sticht sich leicht $1\,\mathrm{tg}\,\varphi$ ab.

Nachdem das perspectivische Axenkreuz gewonnen ist, lässt sich zur Bestimmung der Kantenrichtung eine dritte Construction anwenden, die Schröder ebenfalls giebt und die Klein anwendet.

98. III. Construction. Man trägt die Flächenlinien in das perspectivische Projectionsbild ein mit Hilfe der reducirten Einheit, $a'_0 = oa'$ und $b'_0 = ob'$ in den perspectivisch veränderten Richtungen, findet im Schnitt der Flächenlinien $F_1 F_2$ den Kantenpunkt g', so ist cg' die verlangte Richtung.

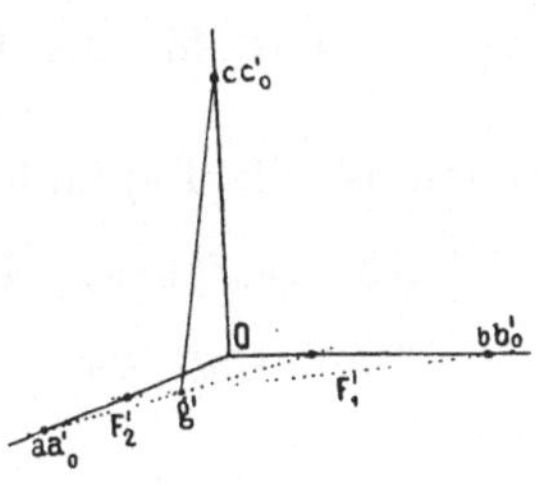

Fig. 116.

Diese Zeichenmethode leidet an dem Uebelstand sehr schiefer und dadurch unsicherer Schnitte für die Kantenpunkte.

Triklines System. Construction des perspectivischen Axenkreuzes nach Schröder.

99. Herleitung der Construction.

Sei abco das lineare Axenkreuz (Fig. 117) mit den Axenwinkeln $\alpha \, \beta \, \gamma$ und den Flächenwinkeln $\lambda \, \mu \, \nu$, so ist $cob = \alpha$, $coa = \beta$, $aob = \gamma$. Es wird nun eine Hilfsebene gelegt $\perp oc$, also auch $\perp aoc$ und boc und es werden von a und b Lothe errichtet, welche die Hilfsebene in a' und b' treffen. Es ist dann $aa' \parallel bb' \parallel oc$. oc steht senkrecht auf der Hilfsebene mit den Hilfsaxen oa' und ob'.

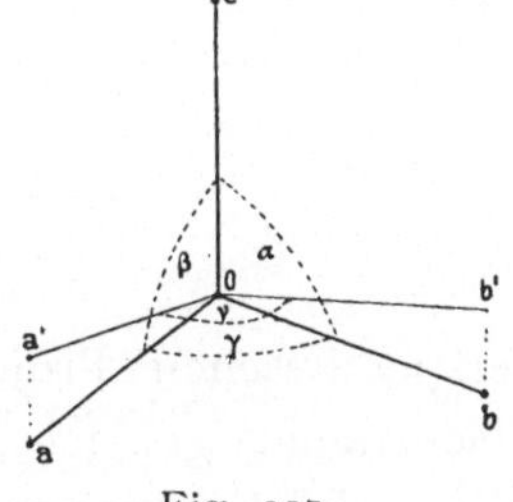

Fig. 117.

Nun ist

$$oa = a_0 \qquad ; \quad ob = b_0$$
$$oa' = a_0 \sin\beta \; ; \quad ob' = b_0 \sin\alpha$$

Ausserdem ist

$$aa' = a_0 \cos\beta \; ; \; bb' = b_0 \cos\alpha \; ; \; \angle\, a'ob' = \nu$$

Statt nun coa und cob durch Drehung und folgende Horizontalprojection abzubilden, verfahren wir so mit coa'a und cob'b. Wir haben in der Hilfsebene die Geraden oa' und ob' aus ihr senkrecht herausragend oc nach oben a'a und b'b nach oben oder nach unten, je nachdem $\angle \beta$ und $\alpha \gtrless 90^0$ sind. Wir legen als Drehungslinie wieder eine Gerade MM durch O unter dem Winkel $\chi = 19^0 10'$ gegen die Querlinie oder $90 - \chi = 70^0 50$ gegen die Längslinie oa'. Indem wir MM festhalten, drehen wir das Axenkreuz um $\psi = 90 - \varphi = 82^0$.

Bei der nun folgenden Horizontalprojection (Fig. 118) wird, wie bei **97**, oc zu $oc' = c_0 \cos\varphi = \cos\varphi$; a'h wird zu $a'h \sin\varphi$; b'k zu $b'k \sin\varphi$, oder wenn wir wieder oc' als Einheit wählen:

$$a''h = a'h \, tg\,\varphi \; ; \; b''k = b'k \, tg\,\varphi.$$

Die mit oc parallelen Stücke aa' und bb' gehen in der Horizontalprojection von a'' und b'' aus und fallen in die Richtung a'h resp. b'k. Sie

werden zu a″a‴ resp. b″b‴. Sie verlaufen von a″ resp. b″ nach rückwärts, wenn a′a resp. b′b aus der Hilfsebene nach oben ragte, d. h. wenn
β resp. $\alpha < 90^0$, also die Cosinus positiv; nach vorn, wenn β resp. $\alpha > 90^0$,
der Cosinus negativ. Dabei wird a″a‴ = aa′ cos φ, b″b‴ zu bb′ cos φ,
oder es wird für die Einheit oc′ = cos φ

$$a″a‴ \text{ zu } aa′ = a_0 \cos \beta ; \qquad b″b‴ \text{ zu } bb′ = b_0 \cos \alpha$$

Damit ist die folgende Construction des Axenkreuzes gegeben.

100. Ausführung der Construction.

Man trägt von einem Punkt o (Fig. 118) nach vorn oa′ = $a_0 \sin \beta$,

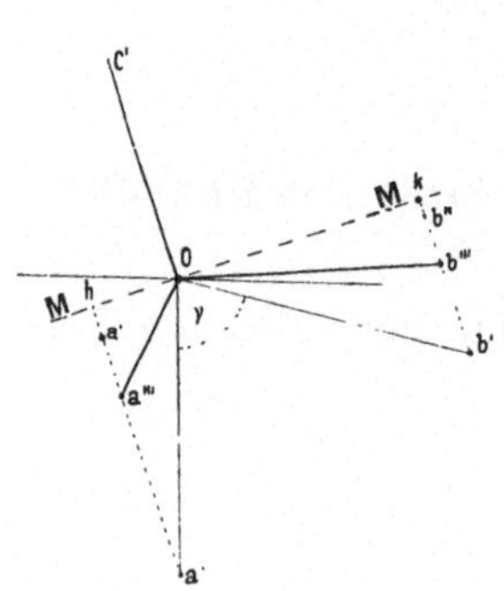

daran unter dem Winkel ν ob′ = $b_0 \sin \alpha$, zieht
unter dem Winkel $90 - \chi = 70^0 50'$ gegen oa′ nach
links die Drehungslinie MM, errichtet auf diese die
Lothe oc′ = 1, a′h und b′k; reducirt mit Hilfe des
Winkels $\varphi = 8^0$ a′h auf a″h = a′h tg 8; b′k auf
b″k = b′k tg 8; trägt von a″ auf a′h die Länge
a″a‴ = $a_0 \cos \beta$ (+ nach hinten, — nach vorn),
ebenso von b″ auf b′k die Länge b″b‴ = $b_0 \cos \alpha$,
so ist oc′, oa‴, ob‴ das gesuchte perspectivische
Axenkreuz.

Fig. 118.

Ist das Axenkreuz construirt, so sind oa‴ und
ob‴ nach Länge und Richtung die Elemente des
perspectivischen Projectionsbildes, und es werden die Eintragungen der
Flächenlinien gemacht, wie in einem gewöhnlichen Projectionsbild, die Schnitte
geben die Kantenpunkte, deren Verbindungslinien mit c′ die Richtung der
Kanten (nach **98**). Statt aus dem Schnitt der Flächenlinien kann man den
Flächenpunkt auch aus dem linearen Kantensymbol auftragen.

101. IV. Construction. Allgemein ohne Axenkreuz.

In der ersten von Schröder gegebenen Construction brauchen wir das
Axenkreuz nicht und wir können es überhaupt für die Zeichnungen aller
Krystalle auch derer mit schiefwinkligen Axen entbehren. Wir geben eine
allgemeine Construction und wollen nun nicht die Quenstedt'sche, sondern
die euthygraphische Projection nehmen, bei der die Flächen in den Krystallmittelpunkt geschoben werden, über dem in der Höhe k die Projectionsebene liegt. Wir untersuchen den allgemeinen Fall und nehmen für die
horizontale Umdrehung wieder den Winkel $\chi = 19^0 10$ (dessen Sehne = $\frac{1}{3}$ k),
für die Umwälzung den Winkel $\psi = 82^0$ (tg $\psi = 7$ k).

Die **Aufgabe** lautet wieder:

Gegeben: Ein euthygraphischer Kantenpunkt g (Fig. 119).
Gesucht: Die Richtungslinie der Kante g im perspectivischen Projectionsbild.

Construction. Man zieht den Grundkreis vom Radius k mit dem rechtwinkligen, längs und quer laufenden Axenkreuz d d' und e e', trägt von d e d' e' nach rechts die Sehne ⅓ k auf, zieht durch die so erhaltenen Punkte c'f'c''f'' das gedrehte Axenkreuz MM, NN, wovon NN den Kreis vorn in c' trifft. Ferner legt man an einer anderen Stelle den Winkel von 8⁰ an, als spitzen Winkel in einem rechtwinkligen Dreieck, dessen eine Seite = 7, die andere = 1 ist.

Damit sind die Hilfslinien gezogen.

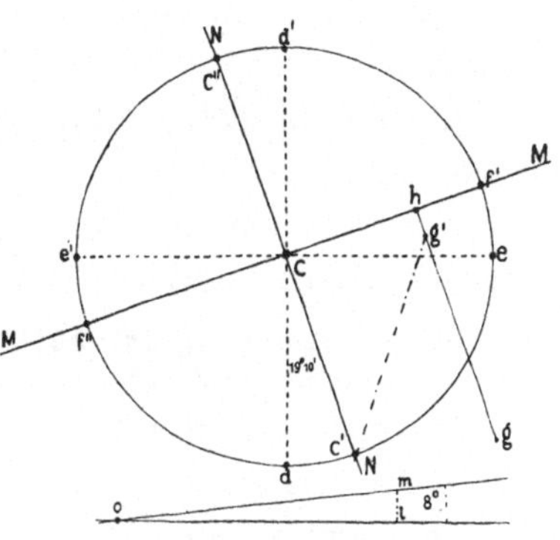

Fig. 119.

Ist nun für einen Kantenpunkt g die Richtungslinie zu suchen, so zieht man g h ⊥ MM, reducirt g h auf g'h = gh tg 8⁰, indem man gh = ol auf den einen Schenkel des 8⁰ Winkels aufträgt und in 1 die Senkrechte 1m errichtet; h g' = 1m überträgt man auf h g, dann ist c'g' die gesuchte Richtungslinie.

Anmerkung. Statt der graphischen Reduction von h g auf h g' = hg tg 8° kann man auch h g' = ⅐hg machen, indem man h g ausmisst, das Mass durch 7 dividirt und neu aufträgt. Diese Art des Auftragens ist noch etwas genauer und auch nicht mühsamer als die erste.

Der Beweis ergiebt sich aus den obigen Ableitungen von selbst. Der Unterschied der Construction bei dem euthygraphischen Bild gegenüber dem Quenstedt'schen besteht nach den Eintragungen der Flächenlinien nur darin, dass der Punkt c', von dem die Richtungslinien c'g' ausgehen, nach vorn statt nach hinten liegt. Nehmen wir nicht die euthygraphische, sondern die Quenstedt'sche Projection, so ist die Construction dieselbe, nur tritt statt des Punktes c' der gegenüberliegende c'' ein. Das ist der ganze Unterschied.

Construction IV (**101**) giebt Bilder wie Construction I (**95**), die nach der Aufstellung für das monokline und trikline System von den Bildern nach Construction II (**97**), III (**98**) und **100** verschieden sind. Letztere sind gleich mit den Bildern aus der gnomonischen Projection. Für die übrigen Systeme geben alle Constructionen dasselbe Bild. Die Ursache des Unterschiedes liegt darin, dass die Linearprojection auf die Basis, die Polarprojection auf die Ebene senkrecht zu den Prismen ausgeführt wird (vgl. **95**). Man könnte durch Drehung und Umwälzung eine Aufstellung in die andere überführen, doch wäre das umständlich und es wäre in dem Fall besser, das perspectivische Axenkreuz nach **97** resp. **100** zu construiren und im perspectivischen Projectionsbild die Kantenrichtungen zu nehmen oder noch besser, auf die

Linearprojection zu verzichten und das Bild aus der gnomonischen Projection abzuleiten.

Ob und in welchen Fällen die Aufstellung auch für schiefaxige Krystalle anzunehmen sei, wie sie sich hier ergiebt, hängt von der Ausbildung des Krystalls ab. Durch Aenderung der Winkel ψ und χ kann man das Aussehen des Bildes ändern.

102. Vergleichung der Ableitung des perspectivischen Bildes aus dem gnomonischen und aus dem euthygraphischen Projectionsbild.

Die für euthygraphische Projection gegebenen Constructionen sind einfach und es fragt sich, ob sie oder die aus dem gnomonischen Projectionsbild den Vorzug verdienen. Beide haben ihre Vorzüge und besonders bei sehr einfachen Verhältnissen dürfte die lineare Zeichenmethode bequemer sein als die polare. Wird jedoch das Bild complicirt, so dass die Orientirung schwierig ist, so treten die Vortheile des übersichtlicheren polaren Bildes hervor. Besonders aber, wenn man sich länger oder wiederholt mit derselben Substanz beschäftigt und die Bilder vieler Combinationen zu zeichnen hat, noch dazu, wenn die Substanz flächenreich ist, bleibt das lineare Bild zurück. Dazu kommt allerdings, dass der, welcher sich gewöhnt, mit polarer Projection zu arbeiten, dieser den Vorzug geben wird, wer besser vertraut ist mit der Linearprojection, jener. Da nun nach meiner Meinung die Polarprojection im Allgemeinen verwendbarer ist als die lineare, so dürfte dies der polaren Construction zu statten kommen. Endlich spricht für letztere der Umstand, dass in Bezug auf die Aufstellung bei schiefaxigen Krystallen im polaren Bild die Prismenrichtung das die Aufstellung fixirende ist, im linearen die Lage der Basis. Wir sind aber gewohnt bei der räumlichen Anschauung, deren Substrat die perspectivischen Bilder sind, die Prismenrichtung mit den zwei aufrechten Pinakoiden mit einer dazu senkrechten Fläche (Geradendfläche) zur Orientirung zu nehmen und bei Vergleichungen im Auge zu haben, nicht aber die Lage der schiefen Basis, die wir als etwas Bewegliches anzusehen pflegen.

Im Uebrigen schliesst eines das andere nicht aus und wir können in jedem einzelnen Fall das nehmen, welches uns am meisten zusagt.

Photographische Krystallmessung.

103. Haben wir zwei Horizontalprojectionen desselben Krystalls auf verschiedene Ebenen, deren gegenseitige Lage bekannt ist, so lassen sich aus diesen auf graphischem Wege alle Winkel des Krystalls ableiten. Solche Bilder können wir durch Photographie gewinnen. Letztere ist so vorzunehmen, dass der Krystall auf einer drehbaren Platte mit Theilkreis aufliegt, wodurch die Richtung der Drehungsaxe (senkrecht zum Theilkreis) und der Drehungswinkel festgestellt werden kann.

Wir sehen hier von dem technischen Theil der Aufgabe ab, nehmen an, wir hätten die beiden Bilder derart hergestellt, dass sie in den Grenzen der erforderlichen Genauigkeit als Parallelprojectionen angesehen werden können und betrachten die graphische Ableitung der Winkel aus ihnen.

Die **Aufgabe** lautet nun:

Gegeben: Von einem Krystall zwei Horizontalbilder, deren zweites erhalten ist durch eine Drehung des Krystalls um ν Grad um eine in der Ebene beider Bilder liegende, oder mit ihr parallele Axe NN.

Gesucht: Die ebenen Winkel der Krystallkanten.

Wir machen die Lösung in der Weise, dass wir die euthygraphische Projection ableiten und in ihr die ebenen Winkel ausmessen. Die ebenen Winkel thun für die Formbeschreibung des Krystalls dieselben Dienste wie die Flächenwinkel, da man letztere aus ersteren berechnen kann.

Die constructive Ableitung des euthygraphischen Projectionsbildes aus den beiden perspectivischen Bildern beruht auf Folgendem: Will man aus der euthygraphischen Projection ein parallel-perspectivisches Bild ableiten, das eine Horizontalprojection ist, so findet sich die Richtung einer Kante a, indem man den Kantenpunkt a mit dem Scheitelpunkt c verbindet. Ist umgekehrt die Kantenrichtung im Horizontalbild gegeben und man zieht mit ihr eine Parallele durch c, so muss auf dieser der Kantenpunkt a liegen; wo, ist jedoch unbekannt. Der genaue Ort kann mit Hilfe des zweiten Horizontalbildes gefunden werden.

104. Ausführung der Construction. Constructionslinien.

Die Projectionsebene F_2 des zweiten Bildes sei gegen die des ersten F_1 um ν^0 gedreht.

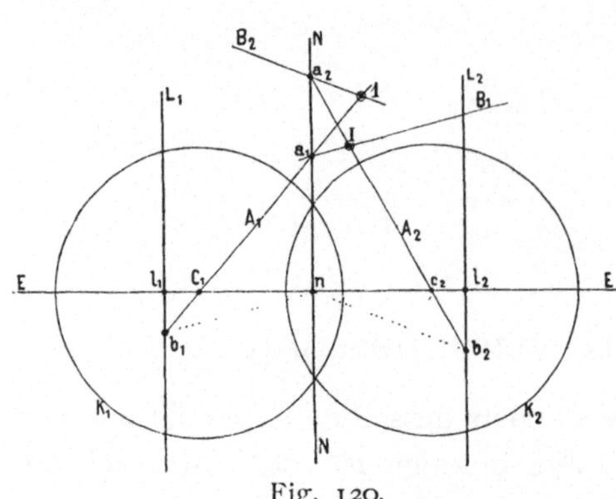

Fig. 120.

Wir ziehen durch einen Punkt n die Gerade NN (Fig. 120), welche die Richtung der Drehungs-Axe angiebt und dazu senkrecht EE, machen darauf $n c_1 = n c_2 = \operatorname{tg} \frac{v}{2}$; $c_1 l_1 = c_2 l_2 = \operatorname{ctg} v$, ferner ziehen wir durch l_1 und l_2 die Parallelen L_1 und L_2 mit NN und beschreiben um c_1 und c_2 die Grundkreise K_1 und K_2 vom Radius 1. Das sind die Constructionslinien.

Wir wählen die Einheit möglichst gross; ich nehme in der Regel 10 cm.

105. Ableitung der beiden euthygraphischen Projectionsbilder.

Wir tragen nun in c_1 aus dem ersten (mehr nach links gedrehten) photographischen Bild die Kantenrichtungen nach den Winkeln, die sie mit der Drehungsaxe NN einschliessen, auf und numeriren sie, wie am Krystall und wie an der Handskizze, die wir uns von dem photographischen Bild gemacht haben. Ebenso tragen wir die Kantenrichtungen des zweiten Bildes in c_2. So bekommen für jede Kante am Krystall zwei Gerade, eine durch c_1 und eine durch c_2.

Wir wollen eine specielle Kante 1 ins Auge fassen. Sie habe die Richtungslinien A_1 durch c_1 und A_2 durch c_2. A_1 schneide NN in a_1, L_1 in b_1. Man legt nun das Dreieck an $n b_1$ und zieht damit parallel durch a_1 die Gerade B_1. Der Schnitt $B_1 A_2$ ist der Projectionspunkt I der Kante 1 in der Ebene F_2 mit dem Grundkreis K_2.

Mit A_2 verfahren wir analog. A_2 schneide NN in a_2; L_2 in b_2. Wir ziehen durch a_2 die Gerade $B_2 \parallel n b_2$. Der Schnitt $B_2 A_1$ ist der Projectionspunkt 1 der Kante 1 in der Ebene F_1 mit dem Grundkreis K_1.

Der Projectionspunkt gehört allemal der Ebene an und zu dem Grundkreis, auf dessen Centrale er liegt, also gehört 1, das auf A_1 liegt, zu K_1, I, das auf A_2 liegt, zu K_2.

Ebenso, wie mit der Kante 1, verfahren wir mit den folgenden 2, 3, 4 und erhalten für jede zwei Projectionspunkte, einen in jeder der beiden Projectionsebenen. Wollen wir nun die ebenen Winkel zwischen zwei Kanten wissen, z. B. zwischen 1 und 2, so haben wir die Winkeldistanz zwischen den Projectionspunkten 1 und 2 mit Hilfe ihres Grundkreises K_1 auszumessen, indem wir den Winkelpunkt aufsuchen (nach **32**). Dasselbe Resultat müssen wir erhalten, wenn wir den Winkel der Punkte I und II ausmessen, die zu dem Grundkreis K_2 gehören. Darin liegt die Controle. Eine weitere Controle haben wir darin, dass die Summe der Winkel eines ebenen n-Ecks $= (n-2)\,180^0$ ist.

Anmerkung. Die Buchstaben $A_1\,A_2$; $b_1\,b_2$ u. s. w., wie sie hier für die Ableitung der Construction gegeben wurden, wenden wir bei wirklicher Ausführung der .Construction nicht an. Wir bezeichnen darin vielmehr Alles, was sich auf die Kante 1 bezieht, durch die Zahl 1. Welcher Punkt oder welche Linie der zu 1 gehörigen Construction gemeint sei, machen wir durch Abzeichen an den Ringeln der Punkte, als Striche, Doppelringe, Fahnen u. s. w. oder auch durch die Farbe der Ringel kenntlich. Auch die römischen Ziffern können wir zur Unterscheidung der beiden Bilder in F_1 und F_2 gegen einander stellen. Dagegen empfiehlt es sich durchaus nicht, die Constructionslinien mit Farben oder Douche auszuziehen, weil dadurch zu grosse Ungenauigkeit in das Bild getragen wird. Es müssen vielmehr alle Linien feine Bleistiftlinien sein. Die Farben der Ringel und die Fahnen genügen zur Erhaltung der Uebersicht. Will man das fertige Bild zur Demonstration benutzen, so empfiehlt es sich freilich die Linien farbig auszuziehen. Man macht dann das eine Projectionsbild ganz roth, das andere ganz blau.

106. Begründung der Construction. Es seien in Fig. 121 F_1 und F_2 die beiden Projectionsebenen, deren Normale $M\,c_1$ und $M\,c_2$ den Winkel ν einschliessen; g sei die nach dem Krystallmittelpunkt M transferirte Kante 1. Sie durchbohrt F_1 in 1, F_2 in I, so sind 1 und I die zwei Projectionspunkte der Kante. Die Centralen $c_1\,1$ und $c_2\,$I sind die Horizontalprojectionen von g in F_1 und F_2. N der Schnitt von $F_1\,F_2$ ist die Drehungsaxe. A_1 schneide N in a_1; A_2 schneide N in a_2. Die Senkrechte E_1 durch den Scheitelpunkt auf N in der Ebene F_1 treffe N in n. Durch n geht auch E_2, die Senkrechte auf N aus c_2 in F_2.

Es ist nun $c_1\,n = c_2\,n = k\,\mathrm{tg}\,\dfrac{\nu}{2}$, oder, wenn wir die Höhe der Projectionsebene über M, d. i. den Radius des Grundkreises $M\,c_1 = M\,c_2 = k = 1$ setzen,

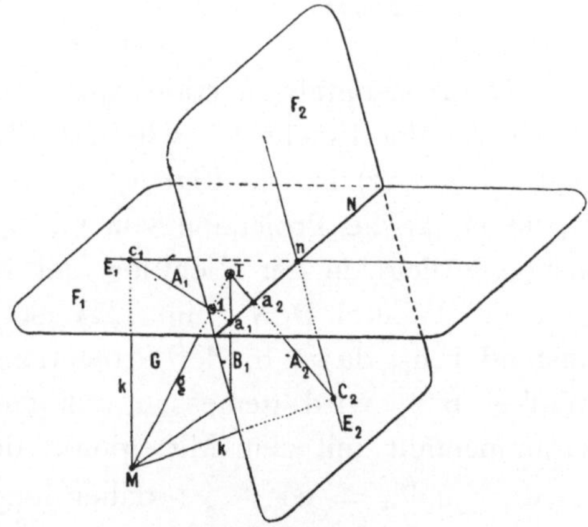

Fig. 121.

$$c_1\,n = c_2\,n = \mathrm{tg}\,\frac{\nu}{2}.$$

Wir wollen nun den Ort des Projectionspunktes I in F_2 suchen.

Legen wir durch $A_1\,M$ eine Ebene G, so steht diese senkrecht auf F_2, wie alle Ebenen, denen $C_1\,M$ angehört. In dieser Ebene liegt die Kante g, in ihr und zugleich auf A_2 liegt I. I liegt ausserdem auf dem Schnitt B_1 der Ebenen G und F_2. A_2 ist im Projectionsbild, in welchem wir construiren, unmittelbar gegeben. Von B_1 wissen wir, dass es durch a_1 geht und brauchen nur noch den Winkel, den B_1 mit N einschliesst. Haben wir diesen, so ist I im Schnitt von A_2 und B_1 fixirt. Wir haben nur, um in derselben Ebene zeichnen zu können, F_2 durch Drehung um N in die Zeichenebene F_1 hinaufzuklappen. Dabei fällt dann E_1 und E_2 zusammen, c_2 kommt auf die nun gemeinsame Centrale E zu liegen, wobei $c_1 n = c_2 n = \operatorname{tg} \frac{v}{2}$ bleibt.

Unsere Aufgabe ist also zunächst den Winkel $B_1 N$ zu ermitteln. Wir finden ihn mit Hilfe der euthygraphischen Projection, in der auch die übrige

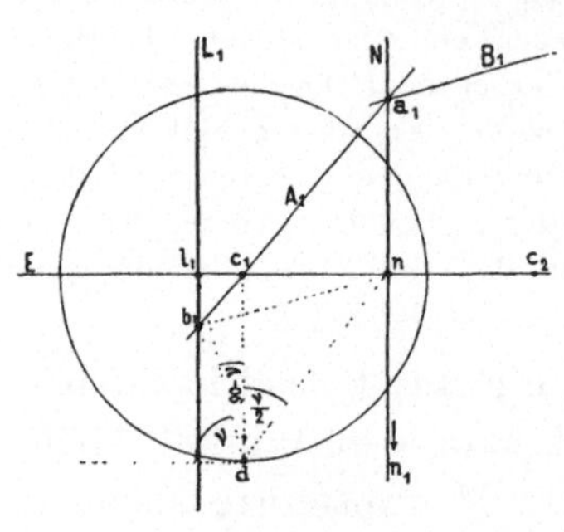

Fig. 122.

Construction ausgeführt wird. Fig. 122 giebt die euthygraphische Projection in der Ebene F_1. Die Projection von F_1, der Projectionsebene selbst, ist die Linie im Unendlichen. Die Projection oder Trace L_1 von F_2 ist eine Senkrechte auf E durch l_1. Da L_1 mit der Linie im Unendlichen den Winkel $F_1 F_2 = v$ einschliessen soll, indem ja die Ebene F_2 gegen F_1 um v^0 gedreht sein soll, wie wir angenommen haben, so ist $\angle l_1 c_1 = l_1 d c_1 = 90 - v$ und somit für $c_1 d = 1$ die Strecke $l_1 c_1 = \operatorname{tg} (90 - v) = \operatorname{ctg} v$.

Die Horizontalprojection A_1 der Kante g ist zugleich die euthygraphische Projection der Fläche G, wie aus Fig. 121 ersichtlich. Der Schnitt b_1 von $A_1 L_1$ (Fig. 122) ist die Linearprojection von B_1, der Kante zwischen F_2 und G, da ja A_1 die Projection von G, L_1 die von F_2 ist. Der Projectionspunkt n_1 von N liegt in der Richtung der Linien N und L_1 im Unendlichen. Der gesuchte Winkel $B_1 N$ (Fig. 122) ist in der Projection gleich dem Winkelabstand $b_1 n_1$, da ja b_1 der Projectionspunkt von B_1, n_1 der von N ist. Der Winkel $b_1 n_1$ wird gemessen aus dem Winkelpunkt n der Trace L_1, der zusammenfällt mit dem Mittelpunkt der Axenlinie N. Denn es ist $d l_1 n = v$; $l_1 n d = n d l_1 = 90 - \frac{v}{2}$; daher $l_1 n = l_1 d$, wie für den Winkelpunkt erforderlich (vgl. **31. 32**). Somit ist der gesuchte Winkel $B_1 N = b_1 n_1 = b_1 n n_1$. Beim Heraufklappen der Ebene F_2 in F_1 ändert sich der Winkel $B_1 N$, der in F_2 liegt, nicht. Wir können ihn also direct in a_1 an N tragen, und das geschieht, da $N \parallel L_1$ ist, durch Ziehen von $B_1 \parallel b_1 n$.

Ist also die zweite Projectionsebene F_2 um N als Charnier hinaufgeklappt in die erste F_1, so kennen wir jetzt den Verlauf der Trace der Ebene G in beiden Theilen des Bildes. Sie geht als A_1 von c_1 nach a_1 und setzt von dort als B_1 fort in der Richtung $\parallel b_1 n$.

Der gesuchte Punkt I liegt nun in Ebene F_2 auf B_1 und A_2, also in deren Schnitt, wie aus Fig. 121 ersichtlich. A_2 ist aber unmittelbar die photographisch aufgenommene, in c_2 transferirte Kante des zweiten Bildes.

Vollkommen analog ist die Herleitung der Linie B_2, auf deren Schnitt mit A_1 der Projectionspunkt 1 in F_1 liegt.

In beiden Constructionen gemeinsam ist die Axe N und deren Mittelpunkt, der Winkelpunkt.

107. Specialfall. Drehung der Bildebenen gegeneinander um 90⁰. In diesem Fall tritt eine Vereinfachung der Construction ein (Fig. 123).

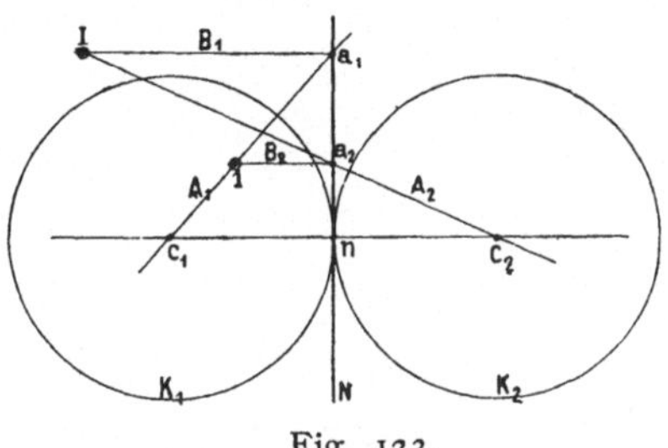

Fig. 123.

Die Grundkreise K_1 und K_2 tangiren die Axenlinie N, indem

$$c_1\, n = c_2\, n = \operatorname{tg} \frac{v}{2} = \operatorname{tg} 45 = 1$$

ist; die Constructionslinien $L_1 L_2$ entfallen, und die Linien $B_1 B_2 \ldots$ stehen senkrecht auf N.

Da nämlich für $v = 90°$ $l_1 c_1 = l_2 c_2 = \operatorname{ctg} v = 0$ ist, so gehen L_1 und L_2 durch c_1 resp. c_2. b_1 fällt mit c_1 zusammen und $b_1 n$ und somit auch B_1 werden $\parallel c_1 c_2$. Ebenso ist $B_2 \parallel c_1 c_2$. Da wir die Constructionslinien $L_1 L_2$ nur brauchten zur Bestimmung der Richtung von B_1 und B_2, so sind sie in unserem Specialfall entbehrlich, da alle B_1 und $B_2 \parallel c_1 c_2$ laufen.

Das Verfahren ist dann einfach so: Man zieht die sich berührenden Kreise um c_1 und c_2 mit dem Radius 1, so dass sie die Axenlinie N im Punkt n tangiren, trägt für eine Kante 1 die in den Photographien gewonnenen Richtungen A_1 und A_2 nach c_1 und c_2. (Die Richtungen der projicirten Kantenlinien sind gegeben durch deren Winkel zu der mitphotographirten Drehungsaxe.) Von den Schnittpunkten a_1 und a_2, von A_1 resp. A_2 mit N geht man $\perp$ N mit den Geraden B_1 und B_2 und findet im Schnitt von $A_1 B_2$ den Projectionspunkt 1, der zu c_1 gehört, im Schnitt $A_2 B_1$ den Projectionspunkt I der Kante 1, der zu c_2 gehört. Den Winkel zwischen zwei Kantenpunkten derselben Projectionsebene, also 1, 2 oder I, II, misst man wieder nach **32**, indem man den Winkelpunkt aufsucht.

Die Construction ist einfach, obwohl die Herleitung umständlich ist. Wie weit diese Methode praktischen Nutzen bieten wird, hängt ab von der Genauigkeit, die man mit ihr erzielen kann. Wie gross diese ist, darüber können erst die Versuche entscheiden. Einige Vorversuche, zu denen Herr Prof. Eder in Wien in der liebenswürdigsten Weise seine Unterstützung bot, sind befriedigend ausgefallen. Hier kam es mir nur darauf an, das Princip zu entwickeln.

Ich schliesse die Schrift mit diesem Beispiel, dessen praktischer Werth noch zweifelhaft ist, welches aber zugleich darauf hinweisen soll, einer wie manichfachen Anwendung die graphische Krystallberechnung in Verbindung mit der Projection fähig ist.

Wilhelm Gronau s Buchdruckerei in Berlin.

Berichtigungen.

Seite 3 Zeile 20 vo lies: εὐθύς statt: εὐθύς.

„ 6 „ 14 vu „ , nach: P.

„ 7 „ 2 „ nach: A_1 einzuschieben: (vgl. Fig. 31 Seite 35).

„ 10 „ 2 „ lies: Auge statt: Augs.

„ 13 „ 12 vo nach: eines zuzufügen: auf der einen Seite in 1^{mm}, auf der andern.

„ 22 „ 19, 21, 23, 29 vo; Seite 33 Zeile 10 u. 11 vu; Seite 38 Zeile 11 vu; Seite 81
Zeile 9 u. 10 vu; Seite 84 Zeile 4 u. 5 vo lies: Kathete statt: Kathede.

„ 29 „ 1 vu nach: 82 zuzufügen:)

„ 31 „ 3 „ lies: O A statt: O Q.

„ 33 „ 1 vo „ schneide „ schneiden.

„ 37 „ 16 „ „ O rückt nach M „ C rückt nach M.

„ 38 „ 5 vu „ Centralzone (vgl. **35**. S. 42) „ Radialzone.

„ 40 „ 14 „ „ $C D N'$ „ $C D N.$

„ 43 „ 18 „ „ $M A_1$ „ $M A.$

„ 48 „ 8 „ „ der stereographische Punkt „ der cyklographische Punkt.

„ 50 „ 2 „ „ Winkelabstand „ Winkelstand.

„ 54 „ 12 „ „ ist „ sind.

„ 58 „ 8 vo „ zugehörigen Punkt im Unendlichen „ Prismenpunkt.

„ 60 „ 14 „ „ $(\overline{II})\ (\overline{I})$ „ $(II)\ (\overline{I}).$

„ 60 „ 6 vu „ der Kante k_3 „ den Kanten $k_1\ k_2$.

„ 61 „ 1 „ „ N_1 „ n_1.

„ 62 „ 4 „ „ Polkanten „ Polarkanten.

„ 75 „ 17 vo „ Winkelabstand „ Winkelabsand.

„ 87 „ 2 vu „ Horizontalprojection „ Verticalprojection.

„ 95 „ 8 vo vor: römischen einzufügen: arabischen und.

„ 95 „ 19 „ lies: F_2 in I statt: F_2 in 1.

Krystallographische Projectionsbilder

von

Dr. Victor Goldschmidt.

(Vergl. Seite 2 des Umschlags.)

Inhalts-Verzeichniss.

(Die Tafeln werden auch einzeln zu den beigesetzten Preisen abgegeben.)

Taf. I. Pyrit. Gnomonische Projection der bekannten Formen. — Preis 4 M.

„ II. „ Punktbild. — Preis 2 M.

„ III. Calcit. Gnomonische Projection der bekannten Formen. — Preis 4 M.

„ IV. „ Punktbild. — Preis 2 M.

„ V. Rothgiltigerz. Gnomon. Proj. der bekannten Formen. — Preis 4 M.

„ VI. „ Punktbild. — Preis 2 M.

„ VII. Pyrit, Calcit, Rothgiltigerz. Mittelfelder in grösserem Massstab. (Ergänzungsblatt.) — Preis 4 M.

„ VIII. Eisenglanz. Gnomon. Proj. der bekannten Formen. — Preis 4 M.

„ IX. „ Punktbild. — Preis 2 M.

„ X. Quarz. Gnomonische Projection der bekannten Formen. — Preis 4 M.

„ XI. „ Punktbild. — Preis 2 M.

„ XII. „ Mittelfeld in grösserem Massstab. — Preis 4 M.

„ XIII. Bournonit. Gnomonische und stereographische Projection der bekannten Formen. — Preis 4 M.

„ XIV. „ Punktbild. — Preis 2 M.

„ XV. Humit-Gruppe: Humit, Klinohumit, Chondrodit. Gnomonische Projection der bekannten Formen. Chondrodit mit Vicinalflächen. — Preis 4 M.

„ XVI. „ Punktbild mit optischen Abmessungen. — Preis 4 M.

„ XVII. Magneteisenerz, Beryll, Idokras, Baryt, Epidot, Axinit. Beispiele für die Anwendung rastrirter Blätter zur Darstellung von Projectionsbildern. — Preis 4 M.

„ XVIII. Amphibol. Ableitung des perspectivischen und des horizontalen Bildes aus dem gnomonischen Projectionsbild. — Preis 4 M.

„ XIX. Anorthit. Zwillingsbilder in gnomonischer Projection. Albit-Gesetz, Manebacher-Gesetz.

Calcit, Rothgiltigerz, Eisenglanz, Quarz. Linienbilder der wichtigsten Zonenentwickelung. — Preis 4 M.

Beilagen: Hexagonales Netz. — Preis für 4 Blatt 1,60 M.

Tetragonales Netz. — Preis für 4 Blatt 1,60 M.

Preis des Textes 80 Pf. Preis der Mappe allein 2,20 M.

Beim Bezuge von Tafeln ohne die Mappe kommen ausser dem Porto auch noch die Kosten für Verpackung in Anrechnung.